日光温室作物栽培管理作业历

——以辽宁省朝阳市为例

盖捍疆　主编

中国农业科学技术出版社

图书在版编目（CIP）数据

日光温室作物栽培管理作业历／盖捍疆主编．—北京：中国农业科学技术出版社，2015.2

ISBN 978－7－5116－1979－2

Ⅰ.①日…　Ⅱ.①盖…　Ⅲ.①作物－温室栽培－栽培技术　Ⅳ.①S625

中国版本图书馆 CIP 数据核字（2015）第 009868 号

责任编辑　崔改泵
责任校对　贾晓红

出 版 者　中国农业科学技术出版社
北京市中关村南大街 12 号　邮编：100081
电　　话　(010)82109194(编辑室)　(010)82109702(发行部)
(010)82109709(读者服务部)
传　　真　(010)82106650
网　　址　http://www.castp.cn
经 销 者　各地新华书店
印 刷 者　北京华正印刷有限公司
开　　本　710mm×1 000mm　1/16
印　　张　8.5
字　　数　172 千字
版　　次　2015 年 2 月第 1 版　2015 年 2 月第 1 次印刷
定　　价　30.00 元

《日光温室作物栽培管理作业历》

编委会

主　　任　王涌翔

副 主 任　周景富　张子森

主　　编　盖捍疆

副 主 编　高树利　关培辅　王树礼　孙振国
　　　　　王瑞珅　王素梅　马桂军　姜　毅
　　　　　席海军　肖世胜　王志刚　夏春辉
　　　　　杨　贺　臧玉森　张青狮　李世春

编　　者　于虎元　于海涛　尹雪冰　王玉华
　　　　　司海静　付久霞　左　岩　白　利
　　　　　田玉华　刑吉民　任　海　任翠君
　　　　　刘宪辉　刘建国　刘文楠　闫　岩
　　　　　朱永峰　杨景荔　杨丽娟　杨舒广
　　　　　李　岳　李建平　李淑阁　李雅娟
　　　　　李鸿伟　吴立勇　张晓飞　张石金
　　　　　张　璐　辛　颖　杜　艳　陈　利
　　　　　陈亚娇　陈雪玲　苗玉侠　武云东
　　　　　宗玉岩　赵玉清　赵洪志　姜红霞
　　　　　郭　月　徐连营　贾凤松　徐丽丽
　　　　　高爱民　阎　晗　曹广勇　程健飞
　　　　　葛鹏飞　韩晓凯　颜津宁

前　言

辽宁省朝阳市设施农业，经过全市上下广大干部群众的多年努力，现已初具规模，产品产量与质量均达到了国内先进水平。根据这一形势需要，朝阳市设施农业协会于2012年7月编写了《朝阳设施农业栽培实用技术》一书，发放到设施农户手中，受到了农户的欢迎。但同时设施农户也提出能否编写一部按不同品种和播种时间划分的详细作业材料，以便让新老种植户更容易掌握新技术，少走弯路、降低成本、提高产量、增加效益。

根据这一需要，朝阳设施农业协会组织了全市各位专家、学者及有经验的种植户，历时一年时间，编写了这本《日光温室作物栽培管理作业历》。目的是让设施农户更加详细地了解各种不同作物栽培时段的需要条件、保障措施、具体方法，以便更科学地安排种植品种与茬口；为专业技术人员现场指导、农户合理选择种植模式提供参考；更为全市设施的提质增效提供了技术基础，提高设施农业种植技术水平，生产出更多优质农产品，使设施农业这一产业健康、持续地发展下去，让设施农业真正成为干旱、半干旱地区农民增收的主导产业。

由于时间仓促、水平有限，在编写的过程中难免会有很多错误与不足，可能与设施农户的期望还有很大差距，以后会不断加以改进和完善，请批评指正。

在本书编写过程中，得到了朝阳市农委、朝阳市财政局及相关部门的大力支持，朝阳市设施农业管理中心、土肥站、植保站、果树站、环保站、农产品检测中心、农产品质量监管局、各市（县）设施农业协会及蔬菜站的领导和技术人员都亲自参与编写和把关，并多次指导与修改，在这里一并表示感谢。

编者

2014年8月

目　录

设施农业主要栽培模式及茬口安排

主要作物栽培管理作业历

附 件

设施农业主要栽培模式及茬口安排

北票市设施农业主要栽培模式

一、番茄冬春茬栽培模式

栽培品种：威曼 83－06、倍赢、罗特斯等。

1. 育苗时间：10 月中旬。
2. 定植时间：11 月下旬。
3. 栽培密度：作畦宽度 90 厘米，大行距 75 厘米，小行距 15 厘米，株距 70 厘米，亩（1 亩≈667 平方米。全书同）株数 1 888株。
4. 上市时间：3 月中旬。
5. 拉秧结束：5 月上旬。

二、番茄越夏茬栽培模式

栽培品种：瑞飞、苏菲亚、欧盾等品种。

1. 育苗时间：5 月下旬至 6 月上旬。
2. 定植时间：6 月中旬至 6 月下旬。
3. 栽培密度：作畦宽度 90 厘米，大行距 75 厘米，小行距 15 厘米，株距 70 厘米，亩株数 1 880株。
4. 上市时间：9 月上旬。
5. 拉秧结束：11 月上旬。

三、菜豆春提早栽培模式（温室冬春茬番茄套菜豆——菜豆部分）

栽培品种：北丰四号、北丰 900。

1. 育苗时间：2 月上中旬。
2. 定植时间：2 月下旬。
3. 栽培密度：作畦宽度 90 厘米，大行距 60 厘米，小行距 30 厘米，株距 90 厘米，亩定植 1 500穴，3 000株。
4. 上市时间：4 月中旬。
5. 拉秧结束：6 月中旬。

凌源市设施农业主要栽培模式

一、黄瓜一年一大茬栽培模式

栽培品种：中荷系列、琬美系列等。

1. 育苗时间：9月中下旬，采用插接法嫁接育苗新技术。

2. 定植时间：10月中下旬。

3. 栽植密度：作畦宽度110～120厘米，大行距70～80厘米，小行距40～50厘米，株距25～30厘米，亩株数3 500～4 000株。

4. 上市时间：11月下旬。

5. 拉秧结束：翌年6月下旬。

二、青椒、尖椒一年一大茬栽培模式

栽培品种：青椒：奥黛丽；尖椒：巴莱姆、37～74等。

1. 育苗时间：7月末8月初工厂化育苗。

2. 定植时间：9月上旬。

3. 栽植密度：行距110～120厘米，株距25～30厘米，亩株数2 200～2 400株。

4. 上市时间：11月下旬。

5. 拉秧结束：翌年7月中旬。

三、茄子一年一大茬栽培模式

栽培品种：布利塔、紫圆茄。

1. 育苗时间：6月上旬（工厂化育苗）。

2. 定植时间：9月上旬。

3. 栽植密度：行距110厘米，株距30厘米，亩株数1 600～1 800株。

4. 上市时间：11月下旬。

5. 拉秧结束：翌年7月下旬。

四、西葫芦一年一大茬栽培模式

栽植品种：法拉丽、冬玉。

1. 育苗时间：9月下旬。

2. 定植时间：10月中旬。

3. 栽植密度：行距120厘米，株距50～60厘米，亩株数1 100～1 200株。

4. 上市时间：11月下旬。

5. 拉秧结束：翌年5月下旬。

五、番茄一年一大茬栽培模式

栽培品种：189、欧盾。

1. 育苗时间：7月末。

2. 定植时间：9月上旬。

3. 栽植密度：行距110厘米，株距30～35厘米，亩株数2 000株。

4. 上市时间：12月中上旬。

5. 拉秧结束：翌年5月下旬。

六、黄瓜、番茄一年两茬栽培模式

（一）上茬黄瓜

栽植品种：中荷系列、琬美系列。

1. 育苗时间：9月中下旬（工厂化育苗）。

2. 定植时间：10月中下旬。

3. 栽植密度：作畦宽度110～120厘米，大行距70～80厘米，小行距40～50厘米，株距25～30厘米，亩株数3 500～4 000株。

4. 上市时间：11月下旬。

5. 拉秧结束：翌年6月下旬。

（二）下茬番茄

栽植品种：欧盾。

1. 育苗时间：5月初。

2. 定植时间：6月上旬。

3. 栽植密度：行距110厘米，株距30～35厘米，亩株数2 000株。

4. 上市时间：8月中旬。

5. 拉秧结束：9月下旬。

还有一种黄瓜与番茄一年两茬栽培模式。其中，黄瓜7月初育苗，8月初定植，9月初至12月下旬采收；番茄在11月中旬育苗，翌年1月上旬定植，4月下旬至7月采收。

七、西葫芦一年两茬栽培模式

（一）秋茬西葫芦

栽植品种：冬玉、法拉丽。

1. 育苗时间：7月下旬。

2. 定植时间：8月上旬。

3. 栽植密度：行距120厘米，株距50～60厘米，亩株数1 100～1 200株。

4. 上市时间：9月中旬。

5. 拉秧结束：翌年1月中旬。

（二）二茬西葫芦

栽植品种：冬玉、法拉丽。

1. 育苗时间：12月中旬（工厂化育苗）。

2. 定植时间：翌年1月中旬。

3. 栽植密度：行距120厘米，株距50～60厘米，亩株数1 100～1 200株。

4. 上市时间：2月下旬。

5. 拉秧结束：6月中上旬。

八、西葫芦、青椒一年两茬栽培模式

（一）上茬西葫芦

栽植品种：冬玉、法拉丽。

1. 育苗时间：7月下旬。

2. 定植时间：8月初。

3. 栽植密度：行距120厘米，株距50～60厘米，亩株数1 100～1 200株。

4. 上市时间：9月中旬。

5. 拉秧结束：翌年2月中旬。

（二）下茬青椒

栽植品种：皇玛。

1. 育苗时间：12月下旬。

2. 定植时间：翌年2月中旬。

3. 栽植密度：行距110～120厘米，株距25～30厘米，亩株数2 200～2 400株。

4. 上市时间：4月末。

5. 拉秧结束：8月上旬。

九、冷棚生产茬口栽培模式

（一）西芹

栽植品种：文图拉、皇后。

1. 育苗时间：1 月下旬。
2. 定植时间：4 月上旬。
3. 栽植密度：行距 25 ~30 厘米，株距 25 ~30 厘米，亩株数 6 000 ~7 500株。
4. 上市时间：6 月末。
5. 拉秧结束：7 月上旬。

西芹还可以在 6 月上中旬育苗，8 月上中旬定植，10 月上旬至中旬采收。

（二）青椒

栽植品种：富兰明星。

1. 育苗时间：3 月上旬。
2. 定植时间：4 月下旬。
3. 栽植密度：行距 110 ~120 厘米，株距 25 ~30 厘米，亩株数 2 200 ~2 400株。
4. 上市时间：7 月中下旬。
5. 拉秧结束：10 月中下旬。

（三）番茄

栽植品种：欧盾。

1. 育苗时间：3 月上旬。
2. 定植时间：4 月下旬。
3. 栽植密度：行距 110 厘米，株距 30 ~35 厘米，亩株数 2 000株。
4. 上市时间：7 月上中旬。
5. 拉秧结束：9 月上旬。

朝阳县设施农业主要栽培模式

一、茄子一年一大茬栽培模式

1. 育苗：茄子6月10日左右。

2. 一般8月15日左右定植娜塔丽茄子，亩保苗1 600株。

3. 做垄：1.6米大垄栽双行，株距45～50厘米。小行距50厘米。做成上宽90厘米、下宽100厘米、高20厘米的高台，高台与相邻高台相距60厘米。

4. 上市：10月中下旬采收。

5. 拉秧：翌年的6月末7月初。

二、番茄、角瓜二茬栽培模式

1. 育苗：5月26日至6月20日。

2. 6月20日至7月上旬定植贝利番茄，亩保苗2 000株。

3. 做垄：1.5米大垄，双行。做成高8～10厘米、上宽90厘米、下宽100厘米的高台，每个台相距50厘米。株距42厘米左右，小行距40厘米。

4. 番茄上市：8月下旬至9月中旬。

5. 拉秧：10月中旬至11月初。10月初至10下旬育法拉丽角瓜苗，亩保苗1 000株。

6. 定植：10月中旬至11初定植。作畦宽度180厘米，大行距100厘米，小行距80厘米畦子里起两垄，将苗栽在垄上，株距60～65厘米。

7. 上市时间：翌年1月上旬。

8. 拉秧结束：翌年6月初。

三、番茄、豆角一年二茬栽培模式

1. 育苗：6月20日，番茄品种领航6号。

2. 定植：7月中下旬定植，亩保苗2 000株。1.5米大垄双行，株距41厘米，台高10厘米左右。

3. 上市：10月中下旬。

4. 拉秧：12月中旬。

5. 育苗：豆角品种为宏雨特长。12月初育苗，苗龄25天左右。

6. 定植：12月末定植豆角（番茄拉秧即可定植豆角），1.5米大垄，栽双行，株距33厘米。

7. 上市：翌年3月初。

8. 拉秧：6月上旬。

四、甜瓜一年三茬栽培模式

1. 育苗：9月下旬育苗，品种为翠宝，砧木为圣砧1号，采用嫁接育苗。苗龄40天。

2. 定植：11月初定植，亩保苗3 300～3 500株。1.2米大垄双行，株距28～30厘米。大行距80厘米，小行距40厘米。条件好的可在定植前15天做秸秆反应堆。

3. 上市：翌年3月上旬。

4. 拉秧：3月中旬。

5. 二茬瓜育苗：1月中下旬育苗，品种为花蜜。砧木为圣砧1号，苗龄为60天，株行距同第一茬。

6. 定植：3月中旬。

7. 上市：5月下旬。

8. 拉秧：6月初。

9. 第三茬瓜育苗：5月初。品种为花蜜，砧木同第一茬。苗龄为25～30天。

10. 定植：6月初。

11. 上市：8月初。

12. 拉秧：8月中旬。

五、青椒、角瓜一年二茬栽培模式

1. 6月上旬育苗，品种为皇马黄彩椒。

2. 7月中旬定植，亩保苗2 000株。1.4米大垄，双行，做成上宽80厘米、下宽90厘米、高10厘米的高台，株距50厘米。

3. 上市：9月上旬。

4. 拉秧：12月末至翌年1月初结束。

5. 角瓜育苗：品种为法拉利，12月初育苗。苗龄20天左右。

6. 定植：12月末至翌年1月初定植，1.8米大垄，栽双行，做成上宽1.1米、下宽1.2米、高25厘米的高台，两台相距60厘米，株距70厘米。

7. 上市：2月初。

8. 拉秧：6月末。

六、番茄一年二茬栽培模式

1. 育苗：6月上旬育苗，品种为超越一号。苗龄25天。

2. 定植：7月上旬定植，亩保苗2 000株。1.5米大垄，双行，株距41厘米，台高10厘米左右。

3. 上市：9月中下旬。

4. 拉秧：10月末。

5. 下茬番茄育苗：9月上旬。品种为戴维森。

6. 定植：11月初定植下茬，定植方法同第一茬。

7. 上市：3月末。

8. 拉秧：4月下旬。

七、黄瓜一年一大茬栽培模式

1. 育苗：9月中旬育苗，嫁接育苗。砧木是白籽南瓜，接穗是中农26。

2. 定植：10月中旬定植。首先做秸秆反应堆，然后做垄。亩保苗3 300～3 500株。1.2米大垄，做成上宽70厘米、下宽80厘米、高25厘米的高台，定植两行，株距28厘米。

3. 上市：12上旬。

4. 拉秧：翌年6月末。

建平县设施农业主要栽培模式

一、黄瓜一年一大茬栽培模式

栽培品种：中荷10号、中荷6M12、冬美701、冬美8号、美玉F1、完美7号、太空1号、鲁抗系列等。

1. 育苗时间：10月上旬，采用穿接法嫁接育苗新技术。

2. 定植时间：11月上旬（11月下旬坐果）。

3. 栽植密度：作畦宽度120~130厘米，大行距65~70厘米，小行距50厘米，株距25~30厘米，亩株数3 500株。

4. 上市时间：12月中下旬。

5. 拉秧结束：翌年7月下旬。

二、秋冬番茄、春架豆一年两茬栽培模式

（一）秋冬番茄茬

栽植品种：祥云8316、领航6号。

1. 育苗时间：7月中旬。

2. 定植时间：8月中旬。

3. 栽植密度：作畦宽度180厘米，大行距110厘米，小行距70厘米，株距35~40厘米，亩株数2 000株。

4. 上市时间：12月下旬。

5. 拉秧结束：翌年2月上旬。

（二）春季架豆茬

栽植品种：泰国架豆王、连农97-5、中芸系列。

1. 种植时间：1月上旬（番茄株距中间播种）。

2. 种植密度：大行距110厘米，小行距70厘米，穴距35~40厘米（每穴2~3株），亩株数2 800~3 000株。

3. 上市时间：3月中旬。

4. 拉秧结束：6月下旬。

三、夏秋番茄、春季甜瓜一年两茬栽培模式

（一）夏秋番茄茬

栽植品种：汉姆1号、汉姆7号、领航6号、贵妃800、贵妃900。

1. 育苗时间：5月上旬（工厂化育苗）。

2. 定植时间：6月上旬（7月下旬坐果）。

3. 栽植密度：作畦宽度120～130厘米，大行距90～100厘米，小行距30～40厘米，株距40厘米，亩株数2 100～2 200株。

4. 上市时间：8月下旬。

5. 拉秧结束：10月下旬。

（二）春季甜瓜茬

栽植品种：永和17、翠宝、华田999、领航三号。

1. 育苗时间：11月中旬。

2. 定植时间：翌年1月上旬（2月中旬开花坐果）。

3. 栽植密度：作畦宽度120～130厘米，大行距90～100厘米，小行距30～35厘米，株距25～30厘米（吊秧），亩株数3 000～3 200株。

4. 上市时间：4月上旬。

5. 拉秧结束：5月上旬。

四、秋茬西葫芦、春茬番茄一年两茬栽培模式

（一）秋茬西葫芦

栽植品种：凯撒。

1. 育苗时间：8月中旬。

2. 定植时间：9月上旬。

3. 栽植密度：作畦宽度180厘米，大行距100厘米，小行距80厘米，株距60厘米，亩株数1 000株。

4. 上市时间：10月中旬。

5. 拉秧结束：12月上旬。

（二）春茬番茄

栽植品种：迪欧金刚、阿粉达。

1. 育苗时间：10月中旬（工厂化育苗）。

2. 定植时间：12月上旬。

3. 栽植密度：作畦宽度120厘米，大行距80厘米，小行距40厘米，株距30厘米，亩株数1 900～2 000株。

4. 上市时间：4 月上旬。

5. 拉秧结束：5 月下旬。

五、一年两茬西葫芦栽培模式

（一）夏秋茬西葫芦

栽植品种：凯撒。

1. 育苗时间：8 月上旬。

2. 定植时间：8 月中旬。

3. 栽植密度：作畦宽度 180 厘米，大行距 100 厘米，小行距 80 厘米，株距 60 厘米，亩株数 1 100株。

4. 上市时间：9 月中旬。

5. 拉秧结束：12 月中旬。

（二）冬春茬西葫芦

栽植品种：法拉利、凯撒。

1. 育苗时间：12 月上旬。

2. 定植时间：12 月中下旬。

3. 栽植密度：作畦宽度 180 厘米，大行距 100 厘米，小行距 80 厘米，株距 55～60 厘米，亩株数 1 100～1 200株。

4. 上市时间：2 月中下旬。

5. 拉秧结束：6 月上旬左右。

六、夏秋番茄、冬春西葫芦一年两茬栽培模式

（一）夏秋番茄茬

栽培品种：汉姆 7 号、铁岭 425、赛利。

1. 育苗时间：5 月上旬（工厂化育苗）。

2. 定植时间：6 月上旬。

3. 栽植密度：作畦宽度 130 厘米，大行距 90 厘米，小行距 40 厘米，株距 40 厘米，亩株数 2 000株。

4. 上市时间：8 月下旬。

5. 拉秧结束：10 月上旬。

（二）冬春西葫芦茬

栽植品种：法拉利、凯撒。

1. 育苗时间：10 月中旬。

2. 定植时间：11 月上旬。

3. 栽植密度：作畦宽度180厘米，大行距100厘米，小行距80厘米，株距60～65厘米；亩株数1 000株。

4. 上市时间：翌年1月上旬。

5. 拉秧结束：翌年5月下旬。

七、草莓一年一大茬栽培模式

栽植品种：研森99（日本品种，又称红颜）、甜查理（美国品种）。

1. 育苗时间：3月中旬从丹东引进脱毒母苗，在棚内假植繁育。5月上旬移栽露地或冷棚扩繁。7月之前追施氮肥一次。8月追施氮磷钾复合肥一次，同时用土埋压新苗，促进生根，每株母苗可扩繁商品苗50株以上。

2. 定植时间：9月上旬（9月下旬至10月上旬扣棚膜，扣棚1～2周后覆地膜）

3. 栽植密度：作畦宽度80厘米，大行距60厘米，小行距20厘米，株距10～15厘米，亩株数10 000～12 000株。

4. 上市时间：11月下旬至12上旬。

5. 拉秧结束：翌年6月下旬。

八、茄子一年一大茬栽培模式

栽培品种：布利塔、娜塔丽（10－706）、东方长茄（10－765）。

1. 育苗时间：5月下旬（工厂化育苗）。

2. 定植时间：8月中旬。

3. 栽植密度：行距100厘米，株距50厘米，亩株数1 300株。

4. 上市时间：10月中旬。

5. 拉秧结束：翌年7月下旬。

九、青尖椒一年一大茬栽培模式

青椒栽培品种：奥黛丽、海伦、多菲。

尖椒栽培品种：迅驰（37－74）、斯丁格（37－76）、亮剑（37－79）。

1. 育苗时间：7月中下旬（工厂化育苗）。

2. 定植时间：8月下旬至9月上旬。

3. 栽植密度：行距110～120厘米，株距28～30厘米，亩株数1 800～2 000株。

4. 上市时间：11月中旬。

5. 拉秧结束：翌年7月下旬。

十、葡萄促早栽培模式

栽植品种：无核白鸡心、美国红提、夏黑、辽峰、茉莉香、玫瑰香、着色香、夏黑、辽峰。

1. 休眠时间：10 月上旬降温，实行引导性休眠。
2. 升温时间：12 月上旬开始打帘升温。
3. 开花时间：2 月下旬至翌年 3 月上旬。
4. 上市时间：5 月上旬。
5. 销售结束：6 月上中旬。

设施葡萄的上市时间与产量关键是棚温和管理水平。

喀左县设施农业主要栽培模式

一、温室茄子一年一大茬栽培模式

1. 栽培品种：33-22、33-26、娜塔丽（10-706）等。

2. 育苗时间：5月下旬至6月上旬，采用劈接法嫁接育苗技术。

3. 定植时间：8月下旬至9月中旬。

4. 栽植密度：按底宽100厘米、顶宽80厘米、高15~20厘米做台，两台中心间距1.4~1.5米；按台间大行距80~90厘米、台上小行距50~60厘米、株距45~50厘米进行定植，亩保苗1 600株左右。

5. 上市时间：11月至翌年7月。

6. 拉秧结束：翌年7月。

二、温室辣（甜）椒一年一大茬栽培模式

1. 栽培品种：

（1）甜椒栽培品种：红罗丹、奥黛丽、巴莱姆等。

（2）尖椒栽培品种：迅驰（37-74）、斯丁格（37-76）、亮剑（37-79）等。

2. 育苗时间：7月下旬（工厂化育苗或自育苗）。

3. 定植时间：9月上旬。

4. 栽植密度：大行距1.4~1.5米做台，台底宽90~100厘米、顶宽70~80厘米；小行距50厘米，株距45~50厘米，亩株数2 000~2 200株。

5. 上市时间：11月至翌年7月。

6. 拉秧结束：翌年7月上中旬。

三、冷棚辣（甜）椒一年一大茬栽培模式

1. 栽培品种：

（1）甜椒栽培品种：红英达等。

（2）尖椒栽培品种：堪特牛角椒、北四达等。

2. 育苗时间：2月上旬（自育苗或工厂化育苗）。

3. 定植时间：4月。

4. 栽植密度：行距50厘米，株距33厘米（国外品种45厘米），亩定植3 800株（国外甜椒品种2 200株）。

5. 上市时间：6～10月。

6. 拉秧结束：10月。

四、温室番茄一年一大茬栽培模式

1. 栽培品种：

（1）红果：戴维森、齐达利、辉红一号等。

（2）粉果：粉贝利、贝利、辉腾F1、粉迪尼217等。

2. 育苗时间：6月下旬（工厂化育苗或自育苗）。

3. 定植时间：7月中下旬。

4. 栽植密度：做台：单垄或大垄双行栽培，单垄垄距1米，株距33厘米；大垄双行台距1.4～1.5米，台底宽90～100厘米、顶宽70～80厘米，定植株行距40厘米×60厘米（大行距100厘米，小行距50厘米），亩株数2 000～2 200株。

5. 上市时间：10～12月。

6. 12月份落秧（或重新定植）。

7. 上市时间：翌年4～5月。

8. 拉秧结束：翌年6月。

五、温室西瓜一年三茬栽培模式

（一）第一茬

1. 栽植品种：日本甘泉F1、小地主、青园103、京欣系列等品种，砧木选用白籽南瓜或超丰F1、全能铁甲F1等。

2. 育苗时间：7月中下旬（自育苗），选劈插接法嫁接。

3. 定植时间：8月中下旬。

4. 栽植密度：株距30～40厘米，每畦栽植15～18株。

5. 上市时间：11月中下旬。

（二）第二茬

1. 栽植品种：日本甘泉F1、小地主、青园103、京欣系列等品种，砧木选用白籽南瓜或超丰F1、全能铁甲F1等。

2. 育苗时间：11月上中旬（自育苗），选劈插接法嫁接。

3. 定植时间：12月下旬至翌年1月上旬。

4. 栽植密度：要将畦作改为台作，按1米行距做台，台高15～20厘米、底宽50～60厘米、顶宽40～50厘米。

5. 上市时间：3 月下旬至 4 月中旬。

（三）第三茬

1. 栽植品种：日本甘泉 F1、小地主、青园 103、京欣系列等品种，砧木选用白籽南瓜或超丰 F1、全能铁甲 F1 等。

2. 育苗时间：3 月上旬（自育苗），选劈插接法嫁接。

3. 定植时间：4 月中旬。

4. 栽植密度：株距 30 ~ 40 厘米，每畦栽植 15 ~ 18 株。

5. 上市时间：6 月中下旬。

6. 拉秧结束：6 月下旬。

主要作物栽培管理作业历

北票市日光温室冬春茬番茄栽培管理作业历

时间	生育时期	管理内容	技术要点	注意事项
10月中旬	发芽期	播种	1. 选择经试验示范筛选出的优良品种。 2. 在温光条件好的无病虫害的温室采用21孔或32孔穴盘，装入基质压印后干籽直播，覆盖基质。 3. 如采用半过程无土育苗方式，可采用72孔穴盘进行无土育苗。（3叶期再移入育苗钵中培育成苗）	种子一定要用40%的福尔马林100倍液浸泡20分钟进行消毒处理
10月中旬至10月下旬	幼苗期	苗期管理	1. 温度管理：播种后出苗前白天25～28℃，夜间15～18℃；小苗全部出齐后，白天20～25℃，夜间15～10℃，床温保持在20～22℃。 2. 采用EVA棚膜，经常保持棚膜光洁。在棚膜上设除尘条，在棚内空间设植株生长灯补充光照。 3. 要经常保持基质相对湿度60%～70%。 4. 应用吊袋式二氧化碳气肥。 5. 用氨基寡糖素0.5%水剂600倍液加虫螨克1.8%乳油3 000倍混合液，防治苗期病虫害。 6. 生理苗龄以6片真叶现蕾为宜	1. 发现猝倒病后，可用普力克72.2%水剂600倍液喷雾。 2. 当幼苗缺乏营养时，可用诺普丰1 000倍液喷淋。 3. 张挂黄板、蓝板
11月上中旬	花芽分化期	定植前准备	1. 清除上茬作物，用土壤消毒剂500倍液喷雾土壤和温室内墙壁。 2. 亩施优质腐熟农家肥10立方米，用旋耕机翻耙土壤。 3. 采用秸秆生物反应堆技术，按行距0.9～1米挖宽40厘米、深30厘米的沟，然后用玉米秸秆将沟铺满压实后，撒施秸秆降解菌种，然后向秸秆上覆盖一层土后，再施入氮磷钾15－15－15复合肥50千克/亩、钙镁磷肥20千克/亩或氨钙镁15千克/亩，秸秆上覆土30厘米，将施入的复合肥等与覆盖土拌匀，随后向沟内浇水，将秸秆淹透，做成畦宽60～70厘米、畦沟宽30厘米、畦面高30厘米的高畦，在畦中间划出沟槽后铺设一条软管微喷带，试水后覆盖地膜，将秸秆上的覆土浇透水后准备定植	1. 施入的农家肥一定要腐熟。 2. 应用秸秆反应堆技术秸秆量一定要足，两端露秸秆，覆土要达30厘米以上。沟内的秸秆一定用水浇透。 3. 如室内有杂草应覆盖黑色地膜

（续表）

时间	生育时期	管理内容	技术要点	注意事项
11 月下旬	成苗期	定植	1. 高畦中间按株距 35 厘米打孔定植秧苗，用土封严定植孔，通过软管微喷浇稳苗水，在浇水时随水施入 1 000倍液多黏类芽孢杆菌。 2. 定植后在株与株之间用 2 厘米直径的钢筋打换气孔，定植后 10 天再用钢筋在植株两侧打换气孔	1. 扎换气孔要及时，要打到秸秆底部，浇水后被堵死的要重新打孔。 2. 土壤不要用化学杀菌剂。 3. 定植前将苗盘放入 300 倍的多黏类芽孢杆菌药液中浸透苗盘基质
12 月至翌年 1 月	开花坐果期	定植后管理	1. 温度管理：为提高夜间温度，白天棚温不超过 30℃ 不放风，夜间 15℃，地温 20～22℃ 为宜。 2. 每隔 20 天左右浇 1 次水。结合浇水施入多黏类芽孢杆菌 1 千克/亩，宜冲旺等腐殖酸类肥料 5 千克/亩。 3. 用 CPM 番茄丰收素，1 支加水 1 千克沾花。 4. 后墙张挂反光幕，温室空间安装植物生长灯	1. 期间浇水要采取“十分缺水八分给，一般时候不给水”的方法。 2. 沾花的药水中加入木霉菌，防止灰霉的发生
2～3 月中旬	结果期	植株调整、病虫害防治及温度水肥管理	1. 单秆整枝，留 6 穗果摘心，每穗留 4～5 个果，在每穗果充分膨大后，将下部叶片摘除。 2. 氨基寡糖素 0.5% 水剂 300 倍液，磷酸二氢钾 300 倍液，阿维菌素 10% 乳油 3 000倍混合液，每隔 15 天喷雾 1 次，结合打药，每隔 15 天喷施一次果蔬钙肥 1 500倍液，禾丰硼 1 000倍液，在放风口设防虫网。 3. 温度管理：白天上午 25～28℃，下午 25～23℃、夜温 17～12℃。 4. 水肥管理：2 月份每隔 10 天浇 1 水，3 月份每隔 7 天浇 1 水，结合浇水追施硝酸钾 5 千克/（亩·次），每隔 10 天进行 1 次，追施硝酸钙，5 千克/（亩·次），相隔 30 天进行 1 次。多黏类芽孢杆菌 1 千克/（亩·次），宜冲旺等腐殖酸类肥料 5 千克/（亩·次），20 天 1 次	1. 打杈：要在晴天进行。 2. 喷药要在晴天上午叶片没水珠时进行。 3. 灌水要在坏天气刚过，好天气刚来时进行。 4. 调节棚温，采取关放顶风的方法。 5. 高值丰源一小袋加水 15 千克，每 15 天喷雾 1 次

（续表）

时间	生育时期	管理内容	技术要点	注意事项
3 月中旬至 5 月	果实膨大转色期	温度管理、水肥管理、病虫害防治、整枝	1. 白天棚温保持在 25 ~ 28℃，夜温 15℃。 2. 每 5 ~ 7 天浇 1 次水，结合浇水，在追施钾肥的同时，通过配有施肥器的软管微喷随水追施沼液 5 005千克/（亩・次）。 3. 硫酸铜钙（多宁）77% 可湿性粉剂 500 倍液、阿维菌素 10% 乳油 3 000倍混合液每 15 天喷雾 1 次。 4. 整枝：3 穗果以下的叶片，在果实充分膨大后摘除，3 穗果以上的叶片在果实充分膨大后打隔叶，其最顶部以上的果要保留 3 片叶摘心	1. 防止出现 28℃以上的高温。 2. 防止氮肥施入过多。 3. 防止过度摘叶造成早衰。 4. 为更好发挥药效，每 15 千克药液中加 1 袋展透剂
	采收期	采收	根据市场需求及时采收	应分级采收，不要将好果和差果放在一起

北票市日光温室番茄越夏栽培管理作业历

时间	生育时期	管理内容	技术要点	注意事项
5月中旬	播前	品种选择	选择抗病、耐热、连续坐果能力强、耐裂果、果皮厚、质地硬、耐储运、红果采收货架期长、果实大小均匀、品性好、红果或粉果的优质高产品种	选择经过试验和示范表现优良，被生产者、消费者和市场认可的品种
5月下旬至6月初	播前	播种	1. 采用穴盘无土育苗的方式育苗。 2. 如采用使用过的穴盘，要在播种前，用40%福尔马林100倍液浸泡20分钟进行消毒处理。 3. 播种前准备遮阳网、防虫网、黄蓝板等设施	1. 育苗要选用50孔或32孔穴盘为宜。 2. 红果番茄在5月下旬播种，粉果番茄在6月初播种为宜
6月	幼苗期	苗期管理	1. 温度管理：白天25～28℃，夜间15℃左右，如超过28℃，通过放风或覆盖遮阳网的方法调节。 2. 经常保持基质相对湿度70%，浇水要喷透不喷漏。 3. 用施特灵0.5%水剂300倍液和阿维菌素10%乳油3 000倍磷酸二氢钾300倍的混合液，每隔10天喷雾1次，张挂黄板，放风口处设防虫网。 4. 用矮壮素15～20毫克/千克浇灌基质，抑制徒长	1. 不能用控水的方法抑制幼苗徒长。 2. 遮阳网只在晴天中午高温时覆盖遮阴降温，其余时间不覆盖。 3. 不要采用干旱蹲苗的方法。 4. 要在无病虫场所育苗。 5. 当番茄苗徒长时，用矮壮素处理，开花后停止使用
6月	花芽分化期	定植前准备	1. 将上茬作物清除后，亩施入优质腐熟农家肥8立方米，撒施石灰50～100千克/亩，碳酸氢铵50千克/亩，用旋耕机翻耕后盖上地膜（全膜覆盖），再关上大棚膜进行高温消毒20天。 2. 施氮磷钾复合肥50千克/亩、钙镁磷肥20千克/亩与土搅拌均匀，把地面整平后做成高畦，畦面宽70厘米，畦沟宽30厘米，畦面高12厘米，畦中间用钢管压出5厘米宽、5厘米深的沟槽铺设微喷灌，试水后覆盖黑色地膜，浇透水后，准备定植	1. 在作物播种前对温室进行消毒。 2. 也可采用垄鑫进行土壤消毒。 3. 一定要购买正规厂家生产的肥料

（续表）

时间	生育时期	管理内容	技术要点	注意事项
6月下旬至7月初	成苗期	定植	1. 定植前，将番茄苗盘在300倍液的多黏类芽孢杆菌药液中浸盘，将基质和根系浸透。 2. 在高畦上按小行距20厘米、株距60厘米打孔，打孔的深度超过番茄苗基质坨3厘米为宜，将番茄苗坨放入定植孔后，将坨与土之间的缝隙用土封严，坨上不覆土，随后浇1 000倍液的多黏类芽孢杆菌	1. 粉果番茄在7月初定植，红果番茄在6月下旬定植。 2. 粉果番茄栽培密度比红果番茄适当大些。 3. 定植后的番茄苗坨上沿低于定植孔上沿3厘米。 4. 定植时苗坨上面不能盖土，以利散热和降温
7月上旬至8月上旬	开花坐果期	定植后管理	1. 吊绳及整枝。在秧苗长到20～30厘米时吊绳，单秆整枝侧枝长到5厘米时摘除，留6穗果，在顶果上留3片叶摘心，每穗留4～5个果。 2. 在温室上下两道通风口处加设30目的防虫网，阻隔蚜虫、粉虱及棉铃虫进入室内。 3. 安装好遮光率为50%～60%的遮阳网。 4. 畦沟覆盖麦秸降温和保湿。 5. 要经常保持土壤湿润状态，温度超过25℃时，通过膜下软管微喷浇水降温。 6. 加强通风换气，白天保持在25～28℃，夜间14～17℃。 7. 开花后，用CPM番茄丰收素喷花。 8. 用氨基寡糖素0.5%水剂600倍液加阿维菌素10%乳油3 000倍液，禾丰硼1 000倍液，每隔10天喷施1次。 9. 抑制徒长，当植株长到30厘米时，用那氏778灌根红果，每株灌药液50毫升，粉果灌药液40毫升；长到1米高时用那氏778每株灌药液100毫升，粉果灌药液75毫升，灌那氏778药液1小时后加倍用清水浇到有效根上。 10. 此期间结合浇水，追施多黏类芽孢杆菌每次1千克/亩，腐殖酸肥4千克/亩	1. 遮阳网要在晴天高温的中午覆盖，其余时间不覆盖。 2. 10厘米土壤温度要保持在20～22℃为宜。 3. 红果用CPM番茄丰收素喷花，每小瓶加水1千克，粉果1.2千克。 4. 应用那氏778抑制徒长，要严格按照说明书要求进行。如遇高温干旱气候在畦沟内也要浇水。 5. 用高值丰源一小袋加水15千克，每10～15天喷雾1次，可促进光合作用，抑制落花、落果，防止空洞果产生

（续表）

时间	生育时期	管理内容	技术要点	注意事项
8 月中旬至 10 月中旬	结果期	定植后管理	1. 温度管理。白天上午 25～28℃、下午 23～25℃，夜间 15～17℃。晴天中午高温使用遮阳网降温，气温高时往水沟和过道浇水。8 月末更换新棚膜，9 月初关闭底风，9 月中旬上草帘。 2. 水肥管理。经常保持土壤湿润状态，在高温期，如地温高于 25℃，用微喷管浇水，使土壤降至 20℃。结果期结合浇水前期追施多黏类芽孢杆菌每次 1 千克/亩、冲旺等腐殖酸肥 5 千克/亩。20 天 1 次；果实膨大期，追施硝酸钾 5 千克/亩，20 天 1 次，硝酸钙 5 千克/（亩·次），30 天进行 1 次。 3. 光照管理。采用透光效果好的 EVA 棚膜，从 8 月下旬开始，经常擦拭棚膜，保持棚膜光洁，3 穗果以下的叶片，当每穗果充分膨大后及时分次打掉其下部的叶片。 4. 病虫害防治。在开花期和果实膨大期用多黏类芽孢杆菌 1 000倍液灌根，在每次整枝期间，用可杀得 77% 可湿性粉剂 3 000倍液喷雾，用氨基寡糖素 0.5% 水剂 600 倍液，阿维菌素 10% 乳油 3 000倍液，磷酸二氢钾 300 倍混合液每隔 10 天交替喷雾 1 次，结合打药，每隔 10 天喷雾 1 次，禾丰硼 1 000倍液，结合打药每隔 15 天喷施 1 次果蔬钙肥 1 500倍液，或用硫酸钙铜（多宁）77% 可湿性粉剂 500 倍液喷雾	1. 防止出现白天高于 28℃ 和夜间低于 13℃ 的温度，以利于着色。 2. 防止氮肥偏多和浇水漫灌。 3. 聚氯乙烯棚膜不适合于越夏番茄栽培。 4. 在阴天棚内空气湿度大时，不要进行田间操作。 5. 番茄在开花结果期，缺钙和硼，易出现裂果。 6. 为发挥药效，每 15 千克的药液中加入 1 袋展透剂
8 月下旬至 10 月中旬	采收期	采收	根据市场需求及时采收	应分级采收，不要将好果和差果放在一起

北票市日光温室菜豆栽培管理作业历（温室冬春茬番茄套菜豆——菜豆部分）

时间	生育时期	管理内容	栽培技术要点	注意事项
1月下旬		播前准备	1. 选择具有生长势旺、结荚早、结荚密、连续结荚能力强、结荚好、有荚多，荚长26厘米左右、宽1.3厘米以上，浅绿色，一致性强，商品性好的优质高产品种。 2. 准备好21孔或32孔穴盘和育苗基质。 3. 套种菜豆的冬春茬番茄栽培的畦面，宽70厘米、高30厘米、畦沟宽30厘米。采用秸秆生物反应堆技术	1. 选择经试验示范表现好的优良品种。 2. 温室具有保温、采光好的条件
2月上旬	育苗期	播种育苗	1. 在番茄第一穗果充分膨大之前20天，将菜豆种子播在装有基质的21孔或32孔穴盘中，每孔播种2粒，覆1.5厘米厚基质，浇透水后，将苗盘放在温室保温条件好的部位。 2. 温度管理：①播种后出苗前，白天25℃，夜间20℃，地温20℃为宜。②出苗后白天20～25℃，夜温15℃为宜。 3. 光照：菜豆喜光，出苗后将穴盘苗放在温室光照条件好的前部。 4. 水分：要经常保持穴盘基质的湿润状态。 5. 病虫害的防治：用氨基寡糖素0.5%水剂600倍液、阿维菌素1.8%乳油3 000倍液、磷酸二氢钾300倍混合液，每10天喷雾1次。 6. 用高值丰源一小袋加水15千克，15天喷1次	1. 播前晒种1～2天，可提高发芽势和发芽整齐度。 2. 苗期用多黏类芽孢杆菌1 000倍液将基质喷透
2月下旬	4～5片真叶	定植	1. 当番茄第一穗果充分膨大后，将其下部叶片全部摘除。 2. 在番茄植株的株与株之间，打孔定植菜豆，浇灌1 000倍液的多黏类芽胞杆菌	亩定植1 500穴为宜
3月	开花坐果期	吊蔓及摘心	1. 每行菜豆上部拉一道14号铁丝，将专用吊绳系在铁丝上，下部系在菜豆基部。 2. 当菜豆长有3～4片真叶时进行摘心，促进侧蔓迅速生长	1. 要及时将菜豆蔓引到专用吊绳上，防止缠绕到番茄植株上。 2. 其他管理随同番茄

（续表）

时间	生育时期	管理内容	栽培技术要点	注意事项
4月	开花坐荚期	植株调整水肥管理	1. 当菜豆长到1.8米时，要及时打掉主头，促进养分向花和荚运输，同时要及时打去侧枝的生长点，防止形成“伞形帽”。 2. 每隔15天左右喷施一次高值丰源300倍液，用1 000倍液的钼酸铵、100倍液葡萄糖混合液，每隔15天喷雾1次，用禾丰硼1 000倍液每隔15天喷雾1次。 3. 水肥管理：菜豆在花期要保持土壤干而不旱的状态，以保持菜豆顺利开花坐荚，开花坐荚后，每7天左右浇1次水（结合浇水），每亩每次施硝酸钾5千克/亩．每隔20天1次，每隔10天追施沼液500千克/亩或腐殖酸肥每次20千克/亩	1. 开花期要防止浇大水。 2. 及时摘除番茄的老叶黄叶。 3. 温室管理随同番茄。 4. 在对番茄进行病虫害防治时，其药液浓度不要过大，以防止烧伤菜豆叶片。 5. 用高值丰源一小袋加水15千克，每15天喷施1次。 6. 补施吊袋式二氧化碳气肥，每延长5米吊挂1袋
5～6月	开花坐荚及采收期	中后期管理	1. 番茄采收结束后，将其植株从基部剪断，待植株和根部干枯后，拔出番茄根部连同番茄秧从温室中清除。 2. 温度管理：白天25～28℃，夜间15℃，在5月中旬以前，白天温度调节采用关放顶风的方法，5月中旬以后，采取关放顶风与底风相配合的方法，当室外夜温达到15℃以上时，应昼夜通风。 3. 光照管理：要经常保持棚膜光洁，在温度允许的前提下，尽量早揭晚落草帘，及时清除蔫叶病叶，及时打掉围尖，保证通风透光。 4. 水肥管理：每5天左右浇1次水，结合浇水亩施硝酸钾5千克/亩，尿素5千克/亩，腐殖酸肥10千克/亩。以上3种肥料每隔10天交替使用1次。 5. 病虫害防治：①采用在放风口处设防虫网，室内挂黄板诱杀成虫。②用多黏类芽胞杆菌1 000倍液每隔30天灌根1次。③用氨基寡糖素0.5%水剂600倍液，阿维菌素（爱福丁1号）1.8%乳油3 000倍液，磷酸二氢钾300倍混合液，每10～15天喷雾1次。 6. 采收：注意定时采收，切忌收获过晚，使豆角老化而降低产品质量	1. 防止菜豆根部受损。 2. 放底风时外界气温达到20℃以上时方能进行。 3. 及时整枝防止跑蔓。 4. 防止土壤湿度过大。 5. 采取无病虫害先防综合防病方法。 6. 采收时要注意避免伤花、伤蔓

凌源市日光温室黄瓜一年一茬栽培管理作业历

时间	生育时期	管理内容	技术要点	注意事项
9月中下旬至10月中旬	育苗期	1. 砧木选择及处理 2. 接穗处理 3. 营养土配制 4. 育苗畦准备 5. 播种 6. 靠接法及插接法嫁接技术	用砧木白籽或黄籽南瓜1千克/亩，先用温水泡20分钟，然后用55℃的热水浸种10分钟，继续用25~30℃温水浸泡8~10小时后，置于25~30℃的地方催芽，一般2~3天出芽	1. 热水温度要严格掌握，避免温度过高烫坏种子； 2. 种子催芽时如种子发干可用温水投洗1次，再继续催芽； 3. 种子催出芽的长度不要过长，一般不要超过0.3厘米； 4. 用90%三乙膦酸铝90克加水50千克，浇育苗畦，让药水湿透4~5厘米深土层，可防治苗期猝倒病； 5. 育苗床杀虫剂最好用阿维菌素2%乳油10毫升加15千克水淋浇苗床可杀灭线虫等虫害；杀菌剂用恶霉灵加水后淋浇苗床。有机磷杀虫剂对瓜类幼苗易产生药害。粉剂杀菌剂拌药土易烧根
			接穗黄瓜用种75~100克/亩，用温水泡20分钟，后用55℃的热水浸种15分钟，用25~30℃温水继续浸泡4小时，同时用百菌清75%可湿性粉剂500倍液药液浸种15分钟，沥干水分，放在25~30℃地方催芽，一般24小时出芽	
			1. 用腐熟的农家肥与园田土按4：6比例混合配制营养土，可加入少量生根剂或“育苗好伴侣”。 2. 在温室中柱、中前柱之间东西方向做1米宽育苗畦，铺8~10厘米厚营养土，刮平浇透水，等待播种	
			1. 靠接法要求先播种接穗黄瓜5~7天，用喷壶浇透苗床，按株行距2厘米×3厘米，芽朝下摆籽，摆好后覆土1厘米；砧木南瓜按2厘米×2厘米株行距播种，覆土1.5~2厘米。播种后，白天温度保持在28~30℃，夜间20~24℃，地温18~20℃。经3~5天即可出苗，幼苗出齐后白天温度保持在20~24℃，夜温13~20℃、地温15℃。插接法要求先播砧木南瓜2~5天，南瓜子叶展平后，再播接穗黄瓜，要密播在穴盘内。（建议使用工厂化插接法育成种苗） 2. 靠接法嫁接技术：接穗12~15天长到一叶一心，苗高8~10厘米，砧木7天长到两片子叶加一心时，苗高8厘米，嫁接最为适宜。取出接穗和砧木苗，先去掉砧木的生长点和真叶，再用刀片在砧木幼茎上距生长点0.5~1厘米处向下斜切一刀，角度35°~40°，刀口长0.5~0.7厘米，深度为茎粗的一半。取接穗苗距生长点1~1.5厘米处向上斜切一刀，刀口长0.5~0.7厘米，角度30°左右，深度为茎粗的3/5，把俩切口结合，使接穗的子叶压在砧木的子叶上呈十字形，用嫁接夹固定栽到营养钵中	

（续表）

时间	生育时期	管理内容	技术要点	注意事项
9月中下旬至10月中旬	育苗期	7. 嫁接后管理 8. 低温炼苗 9. 壮苗标准 10. 病虫害防治	黄瓜插接技术：先播南瓜，南瓜子叶展平后，再播黄瓜。在砧木第一片真叶有手指肚大，黄瓜两片子叶刚刚展开是嫁接适期。嫁接时先将砧木苗和接穗起出（砧木苗如果插在营养钵或营养穴盘上就不用挖出），先把砧木生长点及真叶去掉，再用同接穗茎粗相同的嫁接签 ，从一侧子叶基部向下对侧朝下斜插0.3～0.5厘米，但签尖端不要插破茎的表皮；接穗在子叶下0.8～1.0厘米处下斜切一刀，切口长0. 6厘米，切好接穗后立即拔出钢签，将接穗插入孔，并使接穗的两片子叶同砧木的两片子叶成十字形 嫁接后管理： 1. 嫁接后头三天，白天温度在25～30℃，夜间17～20℃，地温20℃左右，相对湿度达95%以上，采用拱棚覆盖和全遮光管理。 2. 嫁接后第4天起，白天22～26℃，夜间15～18℃，采用早晚见光，中午遮光的方法，逐渐见光通风，阴天不遮光，降低相对湿度到80%左右，7～8天嫁接缓苗后，逐渐撤除小拱棚，可全见光。 3. 嫁接缓苗后，白天温度22～26℃，夜间11～18℃，定植前7天进行低温炼苗，白天20℃左右，夜间10℃左右，地温12℃以上。 4. 靠接法育苗嫁接后12～15天断根。 苗龄达到30天，株高15～20厘米，节间5厘米左右，叶片3～4片，叶片油绿而厚，根系发达，根长满营养钵，从底部孔扎到外面	嫁接苗管理注意事项： （1）如果苗期出现缺肥现象，可喷0.1%尿素水和0.2%～0.4%磷酸二氢钾或喷施宝等叶面肥进行根外施肥； （2）苗期易发生黑星病，用“除尽”10毫升加15千克水，混合均匀后装入喷雾器喷雾防治； （3）苗期易出现的生理病害有：徒长苗、老化苗、烧根、沤根、萎蔫等，要注意防治和管理； （4）苗期不旱不浇水，如确实干旱可用喷壶轻浇； （5）刚嫁接的黄瓜苗出现腐烂、长毛时，立即用三乙膦酸铝90%可湿性粉剂25克、多菌灵50%可湿性粉剂25克、链霉素72%可溶性粉剂7克加水15千克混合后向秧苗喷雾防治； （6）嫁接苗断根后出现死苗，是接口结合不好造成，可用“万帅”30克加甲壳丰30克加高钾海藻精10克加多抗霉素3%水剂5毫升加水15千克喷雾促进成活

（续表）

时间	生育时期	管理内容	技术要点	注意事项
10月上旬至11月中上旬	定植期	1. 定植前准备 2. 定植及结瓜前管理	1. 施足底肥：亩施充分腐熟的羊粪20立方米、磷酸二铵10千克、硫酸钙10千克、三元复合肥25千克、钾肥5千克，硼、硅等微肥适量，农家肥和化肥混合后，撒施棚内，用旋耕机深翻两遍，整地做畦。没有农家肥的，建议施用生物有机肥料，每亩200～250千克。有条件的可用煮熟发酵好的黄豆每亩100千克效果更好。 2. 应用秸秆反应堆技术，在定植前7～10天开始浇水。 3. 扣棚膜进行棚室及土壤消毒在9月末10月初，温室覆膜后，高温闷棚5～7天。为进一步防止上茬作物残留的病虫害，还要用硫黄粉（100米棚）3～4千克加敌敌畏80%乳油100克进行熏蒸，方法是将硫黄粉每隔10米放一堆，加适量锯末后点燃，要从里向外逐渐引燃，熏蒸1整天，再放风通气。 土壤消毒：地面清理完后，把发酵好的农家肥撒在地面上，然后用多菌灵50%可湿性粉剂每平方米6克均匀喷撒在地面上，再深翻采用高畦或高垄栽培。 4. 作畦：作1.2米畦，建议采用高畦或高垄栽培，利于提高地温。在定植前7～10天，浇大水造墒。 5. 在晴天按株距27～30厘米定植，亩保苗3 500～4 000株。栽后在两垄间浇水，水量不要过大，缓苗后再浇1次缓苗水，缓苗水中加入生根剂或“金宝贝”，促进生根，要浇透。缓苗后中耕松土，隔5～7天再连续中耕2～3次，然后覆地膜。 6. 定植的前7天，以高温促缓苗为主，幼苗恢复生长后，降温炼苗与适当蹲苗。一周后再提温到30℃左右，夜温在10～15℃最好。结瓜前，温光条件好，秧苗极易徒长，管理以控地上秧苗，促进地下根系发育为主。此期水分不旱不浇水，确认由于干旱中午叶片稍有萎蔫时才能浇水。浇水要带促进根系发育的肥如“根满地、沃地龙”等	1. 农家肥必须提前备好并且充分腐熟发酵，使用生粪危害很大，会造成烧根烧苗、氨气害、根结线虫等严重后果。 2. 使用秸秆反应堆时要注意：第1次浇水要浇透，浇不透对秸秆发酵不利，不利增产；打孔要及时，避免到冬季低温期产生气害熏秧；畦头要留出秸秆通气；秸秆上覆土要厚达20厘米以上；最好用菌种，不用菌种一定施用尿素水，保证氮素在秸秆发酵和幼苗生长的供应；采用秸秆反应堆的温室要适当稀植，缓苗水浇小水就行。 3. 药剂熏棚，注意防火。密闭后放大风，无味后再进棚从事农事操作，避免对人产生危害。 4. 利于防病促缓苗的配方：移栽灵10毫升+多菌灵50%可湿性粉剂15克+乙蒜素2毫升对15千克水（一壶水）可浇半亩地（2 000穴），一亩地两壶药水就够了。方法是在定植前一天，用对好的药水在定植沟内沟浇或堰浇即可

（续表）

时间	生育时期	管理内容	技术要点	注意事项
11 月至 12 月上中旬	初瓜期	1. 水肥管理 2. 温度管理	黄瓜从开花开始，就进入养分需求高峰期。这个时期黄瓜正处在营养体生长和结瓜生长旺盛期，增加肥料供应，对提高黄瓜产量和冬季生长，增强黄瓜耐寒性和抗病性具有重要作用。要沟施全价长效肥料，距离苗 10 ~ 15 厘米，每畦 300 ~ 500 克就可以。同时结合浇水冲施彭果肥如“寒动力、黄腐酸精粉”等 在温度、水分管理上，由于植株增高及天气变冷，光照时间变短，地温的提高变得越来越重要。提高地温主要从提高棚温入手，这时棚温白天要从 28 ~ 32℃提高到 30 ~ 35℃，夜温在 10 ~ 18℃。根据棚内土壤湿度和天气预报，在需要水分时，要带肥在晴天上午浇水	1. 沟施肥，不要离苗太近，以防烧苗，也不要过深，5 ~ 10 厘米即可，用土盖严，5 ~ 7 天后再浇水； 2. 冲肥时，每次用量不能过大，本着少吃多餐的原则，可以多冲几次； 3. 浇水时，不能在阴天尤其是连阴天浇水，最好不在下午和晚上浇水； 4. 高温年景要预防霜霉病发生，低温年景要预防灰霉病发生； 5. 及时悬挂黄、蓝板，物理防虫
12 月下旬至翌年 2 月中旬	严冬期	1. 温度管理 2. 放风管理 3. 肥水管理 4. 增施二氧化碳气肥	1. 从 12 月下旬开始，天气进入一年中最寒冷季节，这段时间持续 50 ~ 60 天，这个时期主要解决低温障碍问题。这时要采取高温管理，主要管理措施是保温，促产量。在黄瓜封垄前棚温达到 35℃放风，在黄瓜封垄后棚温达到 38℃放风。 2. 关键在放风上，棚温要达到 35℃以上放风。用“高温快排”法放风。这时放风主要用于排湿而不是降温，在发现棚内湿度大时，选择最高温时段放风，快速排湿，当温度降到 30℃时马上关风。放风时间要短，在半个小时左右，防止冷空气下沉降低地温。湿度一次排不净可分多次放风排湿	及时收听天气预报，采取增温保温措施预防低温、冷害和冻害。 不在寒流来临前、下午或晚上浇水施肥。 打叶不要过狠，落秧不要过低

（续表）

时间	生育时期	管理内容	技术要点	注意事项
12月下旬至翌年2月中旬	严冬期	5. 整枝管理 6. 灾害性天气管理 7. 病虫害防治	3. 此期少浇水，根据天气状况选择浇水时间，必须使用滴灌或膜下暗灌，每次滴灌时间不超过1.5小时，浇水量控制在8吨左右，每次必须带肥，肥以生根促瓜为主，提倡使用有机类型和生物类型肥料如“根满地、金宝贝、久喜、海藻肥”等，尽量不使用化肥，防止伤根。结合防病，喷施叶面肥，弥补冬季养分吸收不足。 4. 此期放风时间短，棚室内二氧化碳浓度低，增施二氧化碳气肥利于植株光合作用，对黄瓜增产极其有利。可用颗粒气肥坑埋法、化学反应法、吊袋式二氧化碳气肥发生剂3种方法增施。 5. 及时摘除侧枝、老叶、雄花、卷须和多余的雌花，以减少养分消耗。瓜秧长到1.8米左右，采用落秧方法进行整枝。落蔓前，打掉下部老叶、病叶，落下的茎蔓盘在植株的基部。落蔓后秧苗应保证在1.5米左右，提倡少落勤落。如出现弯瓜，可采用小石块物理拉直，一般在幼瓜坐住后发现弯曲时悬挂。合理留瓜疏瓜，预防花打顶，一般是一花一瓜纽一瓜，适当疏瓜，调节植株营养生长和生殖生长，以减轻歇茬现象。 6. 出现连续阴雪天和严寒天气棚室温度无法保证时，可临时加温。如用火炉加温、热风炉加温、火盆加温、电加温等。 7. 天气久阴时间超过3天乍晴时，棚室温度不能骤然升得太高，此时地温低，植株弱，温度高造成根系吸水不足，地上部分蒸腾太快易使植株萎蔫，导致病害发生。此时可叶面喷农用链霉素加碧护、绿丰素、甲壳素等，可使冰核细菌降低，受害程度降低，此时如已出现冻害，要采用缓慢升温的办法，如中午出现萎蔫严重时应注意遮阳。 8. 连续阴雪天不能打帘子，棚温和地温都很低，突然强光和升温常会引起黄瓜死秧或干叶发生，这时可以给叶面喷清水、适当增加棚内湿度。使地温尽快提高，棚温的提升要缓慢，让秧苗有一个适应过程，可采用间歇打帘或者打花帘子等方法。 9. 为缓解低温冷害对黄瓜的损害，促进秧苗恢复生长，可采取叶面喷施多元微肥和生物菌肥，补充黄瓜植株营养，提高抗性。叶面可喷0.2%尿素和0.3%的磷酸二氢钾和1%白糖；还可在使用叶面肥时加醋，对受到低温冷害的作物有利，因为植株受冷害后，变成碱性，喷上醋液缓解冷害	

（续表）

时间	生育时期	管理内容	技术要点	注意事项
12 月下旬至翌年 2 月中旬	严冬期		10. 病害管理：除秋冬期病害外，低温冷害、花打顶生理病害以及药害、肥害成为重点，要注意识别。灰霉病会加重发生，引起化瓜要及时用药治疗降低危害。连阴天时可用腐霉利等烟剂熏棚和药剂喷雾防治相结合。同时在 2 月份黄点病渐渐发生成为主要病害且较难缠，及时用凯泽等药剂防治	
2 月中下旬至 4 月末	生产中期	1. 水肥管理 2. 温度管理	1. 春季温度回暖后，要尽早再一次沟施长效全价肥料，每垄 250 ~ 300 克，方法是距离黄瓜苗根 15 厘米外开浅沟，把肥料均匀施入沟内，然后用土盖严，先不浇水，5 天后大水浇透。 2. 为了促进黄瓜根系发育，结合浇大水冲施促进根系健康生长的生根肥料。如：冲施“金宝贝”5 千克/亩或“沃地龙”5 千克/亩，通过春季高温浇水施肥和菌剂的综合作用，可使黄瓜秧快速恢复良好生机，进入第二个高产阶段。 3. 为了获得高产，在比关键时期要坚持叶面喷施多元微肥或叶面肥，10 天 1 次，坚持不断，同时继续冲施各种高效生物肥并适当增加用量，可以实现高产、瓜条好、延长采收期的目标。 4. 继续采用高温管理，天气变暖，棚外气温升高，逐渐延长放风时间，草帘要早揭晚盖，增加光照时间，利于提高产量。 5. 此时易出现弯瓜、化瓜、尖嘴瓜、苦味瓜、大头瓜、叶烧病等生理病害，要做好栽培防治。 6. 黄瓜烂蔓死秧的防治。防治方法：从合理密植做起，地膜开口离开茎蔓，掐丝打叶不留桩，改善黄瓜通风透光条件；用多菌灵 50% 可湿性粉剂 25 克加三乙膦酸铝 90% 可湿性粉剂 25 克加链霉素 72% 可溶性粉剂 7 克加水 15 千克（1 壶），15 天 1 次向近地面的茎蔓处喷雾，坚持使用可以有效预防。 7. 防治霜霉病。（1）高温闷棚：当病害严重时，对黄瓜等耐温作物选择晴天中午闷棚 2 个小时，温度控制在 42 ~ 45℃，不超过 47℃，7 ~ 10 天 1 次，可连续 2 次。闷 2 个小时后，一定要缓慢放风，防止由于放风过快造成叶面受伤。用高温闷棚时要注意增加棚内湿度和降低瓜龙头及高温闷棚时间。（2）药剂防治：发病初期，用百菌清烟剂，每亩棚室每次 200 ~ 250 克。晚上闭棚后熏烟，将药分放于棚内 4 ~ 5 处，用暗火点燃，密闭棚室熏一夜，次日早晨通风，隔 7 天熏 1 次，根据病情可连续熏 2 ~ 3 次。也可用脲霜氰 72% 可湿性粉剂 、甲霜烯烷 70% 可湿性粉剂、氰霜唑 10% 悬浮剂或烯酰吗啉 80% 水分散颗粒剂等药剂，根据病情单用或两种药剂混配防治，连续喷 2 ~ 3 次	

（续表）

时间	生育时期	管理内容	技术要点	注意事项
2月中下旬至4月末	生产中期	3. 病虫害防治	8. 黄点病防治。加强栽培管理，适时通风换气、及时清理病残叶，适时追肥灌水。药剂防治，发病时可选用苯甲·嘧菌酯（阿米妙收）32.5%悬浮剂、咪鲜胺25%乳油、嘧霉胺20%悬浮剂喷雾，发病重的棚可用腈菌唑锰锌加多抗霉素加有机铜制剂混合药液喷雾防治，每隔7天喷药1次，连续喷施2~3次	
5月至6月末	生产后期	1. 温度管理 2. 肥水管理	1. 现已进入夏季高温季节，温室黄瓜生产进入后期，温度管理上由单纯保温变为合理控温；及时改变浇水和追肥方式；在设施管理上，要避免雨水进棚和草帘淋湿；病害防治上要重点防治白粉病、细菌病害、日灼病等，虫害要重点防粉虱、螨虫、蓟马三大害虫。 2. 在黄瓜生产后期，高温养瓜是针对生长健壮植株而言，是在保证植株水分、养分供应充足的前提下进行的，就像人干活一样，体格健壮的多出些力，既不伤身体又能出效益。 3. 现在很多棚内的黄瓜已经出现早衰症状，根系老化，吸收水分和养分能力下降，叶片发生霜霉病、黄点病严重，光合作用制造营养的能力减弱，有的植株还留瓜过多，如果再高温养瓜，将植株的生长透支到极限后，植株衰弱拉秧的速度会加快。 4. 在植株长势较壮、叶片浓绿，而且没有病害的情况下，适当提温进行高温养瓜，有利于瓜条的生长发育，促进增产；若植株长势弱，叶片病害多发，有衰老症状，而且留瓜过多的情况下，不建议再进行高温管理。 5. 采取高温管理的棚，在温度升高到33~35℃时，就要及时放风，如果放晚了，温度降不下来；常温管理的棚，在温度超过30℃，就要及时放风。如果温度高，晚上可以放夜风1~2小时，当外界最低温度恒定在15℃以上时，可以整夜放风。 6. 随着棚温、地温的大幅升高，植株生长速度加快，就要加强肥水管理。既要养根促根，又要加强养分供应，提高产量	1. 这段时间要特别注意收听天气预报，出现降雨时要及时将顶部放风口关闭或设置防雨膜，避免雨水进棚，造成病害高发；把撤下的草帘、棉被等及时晾晒、修补，堆放在相对通风干燥的高处，上面覆盖旧棚膜避免雨水打湿

（续表）

时间	生育时期	管理内容	技术要点	注意事项
5月至6月末	生产后期	3. 落秧管理 4. 病虫害防治	7. 提倡勤落秧，植株高在1.3～1.5米范围内，因为后期温度高，棚室上部分在中午时温度过高，不利于黄瓜生长，而高度1.3～1.6米以下范围内与上部温度相差5～6℃。这段高度适合黄瓜生长温度，所以要勤落秧，使秧苗高度不超过1.6米，保留功能叶片在13～15片。每次落秧0.3～0.5米，也不要落得过矮，不利于植株光合作用，影响产量。 夏季气温高，螨虫、蓟马、粉虱等害虫繁殖迅速，对蔬菜生产威胁很大，一定要及早预防。粉虱可用噻虫嗪、啶虫脒、烯啶虫胺等药剂预防；螨虫可用阿维菌素、哒螨灵、螺螨酯等药剂控制；蓟马可用莱喜、吡虫啉等药剂加以防治。发生后尽快喷药，要连续、轮换用药，提高防效。 现在高温、忽干忽湿的温室环境利于白粉病发生。叶片上初生近圆形粉斑，严重时叶面上出现褪绿色斑点，有的连成大片或布满整个叶片。白粉病发病初期用三唑酮、腈菌唑或多硫悬浮剂喷雾防治，发病重的棚防治可用苯醚甲环唑和腈菌唑混合溶液喷雾防治	2. 现在要以水溶性高氮高钾等速效肥为主，如肥力钾等，10千克/亩。这些肥料营养全，含量高，吸收率高，是促棵攻瓜的速效肥料。追肥时，每冲施1～2次全价水溶性肥料，可间隔冲施一次腐植酸、甲壳素等生物菌肥，这样交替施肥效果更好。即可预防根部病害，不伤根，又能促进根系发育，延缓根系老化。现在要采取大水浇灌为主，最好采用大水小水相结合的方式，间隔7～10天浇水1次

朝阳县日光温室韭菜周年生产栽培管理作业历

时间	生育时期	管理内容	技术要点	注意事项
4 月上旬至中旬	定植前准备	选择品种整地	1. 品种选择：马蔺韭、紫根早春红、富韭 8 号。 2. 施农家肥 8 000 ~ 10 000千克/亩，过磷酸钙 100 千克/亩。 3. 整地施肥：将地深翻后整平，做成宽 100 厘米的畦子，畦埂宽 20 ~ 25 厘米，高 15 厘米	农家肥必须充分腐熟
5 月上旬至中旬	播种期	播种	在作好的畦里开沟，行距 15 厘米，沟宽 5 ~ 7 厘米，深 3 厘米，将种子撒播在沟内，也可穴播，每隔 4 ~ 5 厘米点一穴，点呈圆形，覆土1. 2 ~ 1. 5 厘米，覆土后用脚轻踩，浇透明水，播种量一般在 4 ~ 5 千克/亩	
5 月中旬至 7 月下旬	播种后期	保墒管理、除草、防虫	保墒管理：播后浇一次透水，以后每 3 ~ 5 天 1 次小水，地面见干就浇，一直保持地面湿润，防止干裂。播种后 8 ~ 10 天出苗，出苗后 10 厘米左右，适当控水，因浇水多，湿度高易造成徒长。 除草：在浇第二次水后 2 ~ 3 天喷一次除草剂，用除草通 33% 乳油每亩 100 ~ 150 克对水 150 千克，均匀喷洒地面 。 防蛆：5 月下旬至 7 月下旬，是韭蛆为害盛期。应及时防治，用灭蝇胺 50% 可湿性粉剂 60 克/亩灌根，对其防效较好	出苗前一定保持地面湿润，防止干裂，影响出苗
7 月下旬至 8 月中旬	越夏养茬期	防倒伏、防涝、防病	1. 防止倒伏：夏天天气热，雨水多，易徒长，长到 20 厘米易倒伏，最好将韭菜捆成小把，群众称梳小辫，使根部通风透光，防腐烂。 2. 越夏韭菜，雨水多，畦内容易积水，及时排水防涝，雨后及时用井水换水。 3. 防灰霉病、白绢病	

（续表）

时间	生育时期	管理内容	技术要点	注意事项
8月上旬至10月下旬	越秋养根期	水肥管理、防韭蛆、扣膜	1. 韭芽休眠后需回根，根据土壤的墒情适当浇水，一般结合浇水施肥，一般冲3次肥，分别为施三元复合肥（20－20－20）25千克/亩、磷酸二铵25千克/亩、硝酸铵30千克/亩。 2. 摘除花蕾，当年播种不抽薹，只有两年以上韭菜抽薹开花，避免营养消耗，及时将花薹抽去。 3. 防蛆：8月下旬至9月上旬是韭蛆大发生时期，要注意观察，加强防治工作。 4. 扣膜前管理：9月下旬施肥，浇一次水后，一般到扣膜前不施肥，10月中上旬，将韭畦枯叶清除，做到不旱不浇水，去除上部的残叶老叶。进入10月下旬，随气温下降，地面凌晨结冰，当地面表土夜冻昼化时，灌足封冻水。施腐熟农家肥（蒙头粪）7 000～8 000千克/亩，浇1次透水，最好连浇2次水	
10月下旬至11月上旬	入冬管理期	扣膜及扣膜后管理	1. 扣膜：10月下旬将膜准备好，将旧膜补好裂口，擦干净备用。11月上旬地表有冻层时，白天化夜间冻，早晨温度0℃以下，有结冰时将棚膜扣上。 2. 扒土晒根：扣膜后3～4天地面温度上升，地表面渐干，用铁耙将韭畦横向扒土，将韭芽根部扒至“韭葫芦”露出为止，一般扒深8厘米左右，扒土后向根灌入防治韭蛆的农药，然后填平沟。覆土前可沟施草木灰，既可防蛆又能丰产。 3. 温度管理：韭菜生长适温12～24℃，清茬后温度提高25～28℃，促进发苗，韭菜出土后要严格控温，白天17～24℃，夜温10℃，收割前3～5天，降温3～5℃。 4. 水肥管理：扣膜后18～20天韭苗可出齐，植株长到8～10厘米，浇1次水，再过18～20天浇第二次水，促进第一刀产量提高。结合浇水冲施化肥硝酸铵20～30千克/亩，磷酸二铵20千克/亩，浇第二次水后5～7天，即可收第一刀韭菜，一刀韭菜收后，用铁耙松土覆鳞茎，耧平畦面。以后每割一刀韭菜后撒施一次农家肥，收割后新叶长到8～10厘米时，随水追施化肥	

（续表）

时间	生育时期	管理内容	技术要点	注意事项
10月下旬至11月上旬	入冬管理期	扣膜及扣膜后管理	5. 培土：每刀韭菜株高达10厘米左右时，进行一次培土，在前期松土的基础上开始培土，每次培土3～4厘米（以不超过叶子分杈处为宜）。苗高20厘米左右时，第二次培土，培土可软化假茎，有利吸水，叶不下披，保证植株直立生长，利于通风透光，提高地温，培育壮株。 6. 防韭蛆：韭菜收割后，刀口释放很浓的韭菜味，会招引成虫，及时防治成虫，减少落卵量	
12月上旬至翌年2月中旬	收获期	收割	收割：一般扣膜后第一刀韭菜正常需要55～60天，如果扣膜室内温度高，水分过大易徒长，影响第一刀产量及质量。常年生产韭菜冬春最多可割3～4刀，收割两刀韭菜之间间隔30天左右，植株达到4～5个叶片及时收割。收割间隔太短，造成植株早衰。 收割方法：用韭刀在鳞茎以上2厘米处收割为宜，过低伤根，在黄白相间处为好。一般早揭帘前收割最好，保持鲜嫩，质量好，割后韭菜装箱或筐内，放在零度地方，防热防冻	1. 扣棚后，加强通风，换气，草帘适当早揭、晚盖。 2. 收割后及时用药，防治地蛆，大大减少虫卵量
全生育期病虫害防治			1. 灰霉病：每次收割后喷嘧霉胺40%可湿性粉剂或甲基硫菌灵70%可湿性粉剂，生长期可喷百菌清或速克灵，隔7天喷一次，连喷2～3次。 2. 疫病防治：（1）注意通风，防止室内湿度过高；（2）初期用乙膦铝40%可湿性粉剂或甲霜灵25%可湿性粉剂或甲霜灵锰锌58%可湿性粉剂。 3. 白绢病：（1）初期发现病株时连根拔除，穴内放点生石灰；（2）施用腐熟鸡粪；（3）加强管理，培育壮苗；（4）药剂防治：15%三唑酮可湿性粉剂顺垄灌，连续2～3次。 4. 虫害（地蛆）防治：（1）施用充分腐熟有机肥。（2）地面撒盖细沙或草木灰降湿，防止卵和幼虫。（3）用糖醋酒液诱杀成虫。方法：糖：酒：醋：90%敌百虫=3：1：10：0.1的比例，将糖溶化加酒、醋和敌百虫，30～40平方米放一盆，7天换1次。（4）药剂防治：辛硫酸40%乳油、敌敌畏80%乳油，喷2～3次；或用灭蝇胺50%可湿性粉剂60克/亩、毒死蜱48%乳油400克/亩进行灌根	

建平县日光温室越冬茬西葫芦栽培管理作业历

时间	生育时期	管理内容	技术要点（以9月中旬播种茬口为例）	注意事项
7月末至9月初	育苗准备	西葫芦品种	越冬茬西葫芦选择法国克劳斯公司“法拉丽”品种	选用其他品种，建议要先试种
		高温消毒	清除前茬作物后，高温65～70℃闷棚15天左右	
		撒粪旋耕	用2.5～3千克/亩多菌灵80%可溶性粉剂配药土或施用生石灰50千克/亩均撒于地面消毒，施腐熟鸡粪、猪粪、牛、马粪8～10立方米/亩，均匀平撒在地表，然后旋耕做畦	施粪肥要在定植前1个月进行
		育苗床制作	在棚内选采光好、温度均衡的位置，用铁锹挖宽1.2米、深度为15～20厘米的平畦，每亩棚约需8平方米苗床（备1 100钵苗）	畦底一定要刮平，畦长可自定，但距后墙和前脚不小于1米
		育苗土配置	腐熟牛马粪1∶4混配大田土过筛；或松针土、沙棘子林下土	沙棘林下土等，不需加粪肥；苗期短，营养足够用
		装钵	选用10厘米×10厘米的营养钵，将育苗土装至距钵沿1.5～2厘米为宜（或50穴以内的穴盘，基质平满即可）	切忌用手摁压或用力墩实，保持育苗土自然松散状态
9月中下旬	育苗期	浇水方式	10月初以前的高温期可在营养钵外浇大水浸泡，用水将育苗土缓慢浸透，2～3个小时后播种	低温时（18℃以下）须喷温水浇钵播种，穴盘喷水整盘轻压按
		播种覆土	首先用竹片刮开营养钵表面的板结层，宽度须大于种子，将种子平放在刚刮的小坑内，覆盖潮湿育苗土，厚度1.5～2厘米	盖土要呈馒头状，不需抚平土尖
		覆地膜支小拱防虫网棚	覆盖地膜并在地膜下加温度计测温，支高0.5米以上小拱棚，以保证温湿度；必须有防虫网设施	地膜内测温度白天25～28℃，夜温16～18℃
		出苗管理	当幼苗达到60%出苗时，应在早晨或傍晚及时去除地膜，拱棚四周加强通风，降低温度	地表面测温度白天18～23℃，夜温10～12℃

（续表）

时间	生育时期	管理内容	技术要点（以9月中旬播种茬口为例）	注意事项
9月中下旬	育苗期	喷定根水	当两片子叶展开后，用喷雾器喷施一遍清水，使营养钵内上、下土层结成一体，防止在幼苗移栽或倒钵时伤根	喷施常规药量35%浓度的药水防病，但苗期用药不超过2次
		培育壮苗	子叶平展厚实，苗脚高1.5～2厘米的幼苗为壮苗，当幼苗的第一片真叶达到1元硬币大小时，可及时移栽，不易伤根	（苗龄共约15天）壮苗要求：整齐一致、根系发达、茎叶粗壮
		喷陪嫁药	定植前，将幼苗喷洒一次百菌清，浓度为平常用量的1/3即可	育苗过程可以通过信誉良好的工厂化育苗公司培育完成
		施肥	定植前7天左右施复合肥（硫酸钾型）20～30千克/亩、二铵15千克/亩、硫酸钾20～25千克/亩平撒畦中，深翻35厘米后畦中起垄	肥料施于表土10厘米，上下充分混匀，成畦内垄
		作畦	温室须采用畦中带垄全膜覆盖作畦方式。畦面宽180厘米，畦梗高度20厘米，畦内起垄，垄高不超过18厘米，不低于15厘米。小棚单垄则畦宽以1米为宜，至少不低于90厘米，如畦宽2米，畦内应起两垄，两垄间距90厘米，畦间110厘米	无畦埂浇水操作不方便，窄畦内要缩小行距，使斜向株距保持不变；波浪折线状（但要株距和亩棚株数不变）
10上中旬	幼苗期	定植	定植时，使钵内土面与垄面相平，防病虫用事先拌好的药土封垵	
		密度	亩保苗1 000株左右，呈三角形定植，垄的两端各留40厘米，株距65～70厘米	多余苗时，定植在垄间作业道前端，结4～5条瓜后去除
		浇水	定植后及时浇一遍透水，以畦内不见干土为宜	不能大水漫过垄台，淹到幼苗

（续表）

时间	生育时期	管理内容	技术要点（以9月中旬播种茬口为例）	注意事项
10上中旬	幼苗期	温度管理	定植3天之内，温度可以略高（25～28℃）；3天后，棚内温度不能超过23℃；但夜温应保诗12℃以上	生产时要注意防寒，10月1日前及时上草帘，晚育苗的必上帘后栽苗
		控水蹲苗	栽前未喷陪嫁药的结合喷施恶霉灵、链霉素封垵。以后至坐瓜前尽量不浇水，十分旱时浇小水	早晨新展叶片边缘有吐水为标准
		中耕松土	当土壤表面见干时，中耕1～2次，封垵口处细耕，增加地温和土壤的通透性。畦面无大的土块，避免划伤地膜	使畦内垄面呈鱼脊形状，便于覆膜及后期浇水
		适时覆膜	吊蔓前用1.2米和1米宽幅白地膜覆盖大小行间，要求全膜覆盖；棚内幼苗周围薄膜的开口直径要达到12～15厘米	保证幼苗根部土壤干燥，既有利于透气，又能防止烂根
		前期防病	当幼苗达到三叶一心时，用根益得（每亩一桶）、农用链霉素、恶霉灵（按说明书操作），可3种肥药混合使用，用喷雾器进行灌根，每株施肥药液125～150克（小茶杯一杯）	西葫芦耐药性差，幼苗为常规35%～50%浓度喷施叶片；根部用药正常，但苗期处理不超过2次

（续表）

时间	生育时期	管理内容	技术要点（以9月中旬播种茬口为例）	注意事项
10月下旬至11月上旬	初花期	防治虫害	出现蚜虫、粉虱、螨类害虫用阿克泰25%可分散性粒剂4 000倍液喷施防治	控秧控水培育壮秧。壮秧标准即“三个2，两个20，两个29”“三个2”是指子叶离地面2厘米，主茎始终保持2厘米粗，每个节间距离为2厘米长； “两个20”是指可采摘瓜400克时距离生长点为20厘米高，而生长点距离大叶片的上平面为20厘米高； “两个29”是指每个大叶片的叶柄为29厘米长，叶面为29厘米长； 另外，巴掌大的小叶片不超过4个，生长点不出现“瓜打顶”，功能叶片颜色深绿，各节位叶片齐全，不要打叶。 全株授粉的不再做幼瓜处理。 要在上午叶片上的露珠落后，到下午放帘前1小时，且中午不抹瓜
		补施微肥	当植株达到6片叶时喷一遍钙硼宝，缓苗水后至根瓜坐住前一般不浇水，若植株长势弱、缺肥，可以喷施叶面肥	
		及时吊蔓	6～8片叶后，可及时吊蔓，并同期去除叶腋花蕾	
		喷药控秧	高温时，6～8片叶时若出现徒长应适当用“雨林矮丰”控秧1次	
		秧苗管理	十叶一心时，用根益得、农用链霉素、恶霉灵同样配方再灌一次根。在此期间，温度一定不能超过25℃，喷洒一次杀菌剂，注意防虫即可	
		留瓜温度	夜温，不带瓜时以6～8℃为宜，带瓜时夜温9～10℃；白天一般18～25℃，不超过27℃。越冬茬栽培必须在10片叶留瓜	
		全株授粉	第10节位幼瓜开花前3天喷施“西葫芦全株授粉药”，每只药对水15千克喷施500株左右；7天后喷施第2次，以后10～12天喷1次	
		调节中毒	如果发现植株因抹瓜浓度过大有中毒现象，此植株可不用抹瓜，可以用“碧护”或“金丹一号”解除药害，待新叶正常后再抹瓜	

（续表）

时间	生育时期	管理内容	技术要点（以9月中旬播种茬口为例）	注意事项
11月中旬至12月下旬	开花、坐瓜与采收期	初瓜管理	调整植株由长秧进入长瓜期，瓜秧10～11片叶时开始带瓜，前期秧苗较小，叶片不多，第一条瓜宜早采收，避免瓜大坠秧	注意平衡生长，育苗和定植较晚的不需控秧，适当炼秧即可；且秧苗弱小，温度较低时少带瓜
		以瓜控秧	如入冬前温度较高时，可采取以大瓜坠秧；或多挂瓜少疏瓜抑制秧苗徒长；壮秧可以多带1条或2条瓜	
		温光管理	入冬前低温炼秧，以防止特殊天气造成生理伤害，白天20～23℃，晚上8～10℃，草帘早拉晚放，延长光照	
		水肥管理	第一次浇水应在根瓜200克时，前期可以加普通肥，10天左右1次，多浇肥水；及时绕秧盘头，防止龙头横向或向下生长；秧苗叶片不多的少带瓜，采收初期以摘近400克瓜为宜，防止瓜大坠秧。同时增施二氧化碳气体肥	留对瓜易坠秧，造成新茎突然变细，后期没产量 适当疏瓜，留花后瓜不超3条
		留瓜管理	从11月末开始，天气由高温逐渐进入低温阶段。此时期以“调”为主，严格控制带瓜数；不留对瓜（近成180°角相邻两节的瓜）12月初至翌年1月初每棵秧上同时留瓜不能多于3个，一定要保持生长点和幼瓜每天都有增长量	
1～2月	坐瓜与采收期（越冬）	促秧	1月初至2月初，气温最低、光照最弱。瓜秧进入最困难阶段，管理重点是以“促”为主，促使植株增加供应幼瓜养分的能力	
		疏瓜	多疏瓜少留果，每棵植株同时留瓜2个，减轻瓜秧负担，避免出现短瓜、弯瓜、大头瓜	一大瓜，一小瓜，一个快开花
		温度管理	主要措施为保温。白天23～27℃，晚上8～10℃，草帘晚拉早放	

（续表）

时间	生育时期	管理内容	技术要点（以9月中旬播种茬口为例）	注意事项
1～2月	坐瓜与采收期（越冬）	水肥管理	减少浇水量，冲施腐殖酸类肥料，植洁富2桶（20千克），隔次加喷叶面肥，磷酸二氢钾或糖尿液。并保持叶面清洁健康。冬季15～20天浇1次肥水；调整植株和叶片高度及方向，避免相互遮光，必要增施二氧化碳气体肥	深冬尽量浇小水；阴、雪天禁止浇水施肥，尽量做到浇水后两天无阴、雪天气，并且以上午浇水为宜；及时提温排湿
		少留瓜	进入2月中下旬，气温回升，光照增强。植株刚刚度过严冬，开始为缓秧打基础，需要少带瓜，仍然以每株同时留2个瓜为主	
		温度调控	管理上应加大通风，白天23～27℃，晚上8～10℃，同时增加施肥量，清除残花、破叶片等出棚外，注意防止病虫发生危害	（要保留叶柄任自然变黄干枯）
3月	坐瓜与采收期（开春）	留瓜管理	到3月中旬，植株已经长出新叶片，此时可以每株同时留瓜3个，主抓产量，形成效益。“一天一摘瓜，两天一抹瓜，三天一盘头”	在植株长势正常的情况下，以单株按月份可以采用“3－2－2－3－4”的留瓜模式合理留瓜；即12月份每株同时留瓜3条，依次类推
		温度管理	进一步加大通风，白天23～27℃，晚上8～10℃，延长光照	3月份同时留瓜3条（大、中、小）
		预防病虫	白粉病：苯醚甲环唑10%水分散粉剂1 200倍液、达科宁75%可湿性粉剂600倍液、阿米西达25%悬浮剂1 500倍液喷雾	
		增加肥水	开春气温回升后逐步缩短浇水间隔，每隔7～10天喷1次叶面肥，进入3月份以后追肥应以速效性钾肥和氮肥为主，并加大肥水量和肥水次数，10天左右1次	

（续表）

时间	生育时期	管理内容	技术要点（以9月中旬播种茬口为例）	注意事项
3月	坐瓜与采收期（开春）	适当控秧	调节生长点以及叶片朝向，抑制营养生长；以上措施用后，若仍有徒长现象，可以适量喷施生长调节剂，如雨林矮丰（西葫芦专用）1袋对水15千克（1喷壶），对准上部叶片喷雾，要注意一次性使用不能过量	4月份以后每株同时留瓜4条；这样使植株在不同气温条件下长瓜和长秧平衡协调，既能保证瓜条质量，又不影响总产量
4~5月	采收后期	总则	法拉丽西葫芦采收期要通过浇水、施肥、放风、控温、抹瓜、疏瓜等主要栽培管理技术来达到营养生长和生殖生长平衡，确保达到壮秧标准，从而达到高产、高效	
		浇水	因前期地温、气温都特别低，不能浇大水，待气温和地温逐渐回升，应伴随有机肥料浇1次大水，以后视实际情况每10天左右浇1次肥水，水量可随气温回升情况增减。一般情况下打开帘子后进棚，发现巴掌大的新叶的叶缘上没有露珠，则表示植株缺水，根据天气状况就应当浇水	
		施肥	伴随气温回升，产量增加要加大肥水用量，冲施氮磷钾型三元复合肥为主，每亩15~20千克，7~8天1次，不施钾肥，以便促进营养生长，控制生殖生长，确保达到壮秧标准。以后再视植株生长情况浇水和施肥。法拉丽西葫芦生长期禁止追施含激素肥料，否则会造成前期临时产量增大而把植株累坏，生长点部位茎叶过细过长，致使后期大大减产，甚至绝产	
		放风	在打开草帘1小时后放1次短风（即前面放，后面关）交换一下气体，待室温达到18~20℃后再逐渐从小到大放风，要放线风，不要放点风	
		控温	通过打帘、放帘的时间和放风大小等措施严格控制棚内温度：白天为20~23℃（不可超过23℃），晚上为8~10℃（此温度最适宜角瓜生长，严格禁止温度过高造成徒长及化瓜等现象）	注意适当晚闭风口，保持夜温10℃以下
		授粉	进入4月份，天气变暖、棚温升高。授粉改为7天1次。可不疏瓜	

喀左县日光温室番茄秋冬（春）茬栽培管理作业历

时间	生育时期	管理内容	技术要点	注意事项
6 月下旬	发芽期	种苗管理	1. 尽量选用工厂化育苗。 2. 自育苗： （1）在温室外选择通风透光、雨后不积水地块做苗床； （2）3 份园土 1 份腐熟农家肥配制营养土或选用育苗基质； （3）营养钵或穴盘育苗； （4）每个营养钵或每孔穴盘播种 1 粒种子； （5）覆土 1 厘米； （6）苗床浇水至营养钵的 8 成高度，洇透营养钵（穴盘育苗则喷淋浇透）； （7）喷淋精甲·咯菌腈（亮盾）6.25% 悬浮剂 1 500倍液，每平方米药液 3 千克； （8）覆盖地膜保湿； （9）苗床支拱架，用防虫网全封闭、上旧棚膜防雨，小拱棚上方置遮阳网	防高温，及时遮盖遮阳网降温
		病虫害防治	播种浇透水后以及两片子叶展平喷淋 6.25% 精甲·咯菌腈（亮盾）防治猝倒病；同时在苗床周围撒毒谷	
		温湿度控制	1. 幼苗出土前白天 25 ~ 30℃、出土后 25 ~ 28℃，夜间 15 ~ 20℃； 2. 出苗 6 ~ 7 成苗时，在清晨揭掉地膜	
7 月中下旬	幼苗期	水肥管理	1. 适当控水，苗床见干见湿； 2. 根据秧苗长势，适当喷施磷酸二氢钾、绿亨壮苗灵等叶面肥	1. 注意防高温，防强光暴晒、防雨淋、防病毒； 2. 注意防虫害，自育苗要支扣育苗拱棚，覆盖 40 目防虫网，阻止害虫危害；
		整地施肥	1. 施入底肥：棚室撒施腐熟粪肥 15 ~ 20 方/亩、磷酸二铵 30 ~ 50 千克/亩、过磷酸钙 80 ~ 100 千克/亩、硫酸钾 20 ~ 25 千克/亩； 2. 粪肥上喷洒农药：辛硫磷 40% 乳油 300 毫升、多菌灵 50% 可湿性粉剂 3 ~ 4 千克； 3. 翻耕整地：深翻 30 ~ 40 厘米深，粪肥土壤翻拌均匀； 4. 做台：单垄或大垄双行栽培，单垄垄距 1 米；大垄双行台距 1.4 ~ 1.5 米，台底宽 90 ~ 100 厘米、顶宽 70 ~ 80 厘米	

（续表）

时间	生育时期	管理内容	技术要点	注意事项
7月中下旬	幼苗期	定植密度	依据品种要求确定	3. 秧苗定植后温度超过30℃降不下来时：①棚室要采取覆盖遮阳网，棚膜上泼泥浆或白色涂料，或喷洒专用降温产品利凉、利索等，进行遮阳降温；②作业道浇小水，提湿降温
		浇水和划锄	1. 定植前7～10天，作业道浇大水，浇足浇透； 2. 定植水要浇透； 3. 定植后7天左右缓苗水浇透； 4. 每次浇水后3～4天划锄耪地	
		病虫害防治	1. 防虫网严密封闭苗床、悬挂黄板、蓝板。 2. 两片真叶开始，间隔7～10天喷施氨基寡糖素0.5%水剂、绿亨四胞胎（每袋对水15千克）、吗呱・乙酸铜20%可溶性粉剂500～600倍液、烯・羟・吗啉胍（克毒宝）40%可溶性粉剂1 000倍液等药剂3～4次，预防病毒病。 3. 定植前，棚室上下风口、棚门安装40目防虫网。 4. 药剂蘸穴盘（营养钵灌根），精甲・咯菌腈（亮盾）6.25%悬浮剂1 500倍液+碧护7 000倍液+噻虫嗪（卉健）21%悬浮剂3 000倍液蘸穴盘5～10分钟。 5. 定植7天后喷嘧菌・百菌清（阿米多彩）56%悬浮剂1 500倍液+氨基寡糖素0.5%水剂750倍液。 6. 病毒病：注意防虫喷药（见上）。 7. 腐霉根腐病、茎基腐病：精甲霜・锰锌（金雷多米尔）68%水分散粒剂100～120克/亩、精甲・咯菌腈6.25%悬浮剂1 500倍液等喷雾灌根。 8. 蓟马：乙基多杀菌素（艾绿士）6%悬浮剂1 000～1 500倍液。 9. 白粉虱：噻虫嗪（阿克泰）25%水分散粒剂4 000倍液、噻嗪酮25%可湿性粉剂1 000倍液。 10. 菜蛾：甲维盐1%乳油2 000倍液、氯虫苯甲酰胺20%悬浮剂10毫升/亩喷雾	

（续表）

时间	生育时期	管理内容	技术要点	注意事项
8月	幼苗及开花期	肥水管理	1. 控水，坐果之前尽量不浇水； 2. 地下不需追肥，地上部分可适当进行叶面施肥：绿亨红硼1 000倍液或绿亨壮苗灵300倍液或磷酸二氢钾500倍液	1. 注意下部侧枝不要过早掰掉； 2. 收拾秧子时注意先“健”株，后“病”株； 3. 喷花药浓度要按说明最低浓度使用
		植株调整	1. 植株40厘米左右高时及时吊绳； 2. 单秆整枝，下部侧枝不长至8 ~ 10厘米打掉	
		花穗处理	本月下旬，第一穗花开花3 ~ 4朵后，去掉第一个花，用丰产剂2号、CPM番茄丰收素等进行喷花或抹果柄	
		温度管理	白天尽量大通风，保持白天20 ~ 28℃，夜间12 ~ 20℃；夜间外界最低气温降到15℃时，晚间关闭底角风	
		病虫害防治	1. 注意防病，百菌清75%可湿性粉剂400 ~ 600倍液、每亩用加瑞农47%可湿性粉剂93 ~ 124克对水喷雾、嘧菌·百菌清（阿米多彩）56%悬浮剂1 000 ~ 1 200倍液等10天左右喷施1次进行防病，抹杈后要复配中生菌素或农用链霉素。 2. 疫病：恶酮霜脲氰（抑快净）52.5%水分散粒剂1 500 ~ 2 000倍液、精甲霜·锰锌（金雷多米尔）68%水分散粒剂100 ~ 120克/亩、氟菌·霜霉威（银法利）68.75%悬浮剂1 200倍液、噁霜·锰锌（杀毒矾）64%可湿性粉剂500倍液。 3. 叶霉病：每亩用春雷·王铜（加瑞农）47%可湿性粉剂500 ~ 800倍液、氟硅唑（福星）40%乳油8 000倍液、腈菌唑12.5%乳油1 500倍液。 4. 虫害用药同上	
9月	开花结果期	肥水管理	第一穗果长到鸡蛋黄大小时追肥浇水，随水冲施8 ~ 10千克/亩硝酸钾、沃地宝高氮腐殖质冲施肥5 ~ 10千克/亩。以后每穗果长到鸡蛋黄大小浇水追肥，以钾肥为主，第二穗果硝酸钾10 ~ 12千克/亩，第三穗果15千克/亩，同时可配合追施沃地宝高氮腐殖质冲施肥5 ~ 10千克/亩	1. 旧棚膜未换的，本月上旬及时更换新棚膜；

（续表）

时间	生育时期	管理内容	技术要点	注意事项
9 月	开花结果期	温度管理	保持白天 20～28℃，夜间 12～20℃；及时安装防寒覆盖物	2. 及时上草帘，安装双层草帘（或一层棉被一层草帘），用两层或三层塑料包被，防雨防雪还保温； 3. 上下安装净膜布条带； 4. 封严下风口，10 月中旬后不再开启下风口； 5. 浇水时间，清晨至 9 时前（棚室定植行四季浇水时间都以上午早浇水为宜），其他时间不要浇水； 6. 注意“拾花”防灰霉病
		植株调整	侧枝长出后要及时掰掉	
		花穗处理	喷花药剂中加入 6.25% 精甲·咯菌腈（亮盾）200 倍液	
		病虫害防治	同 8 月	
10～11 月	坐果采收期	肥水管理	4 穗、5 穗、6 穗果长到鸡蛋黄大小时分别追肥，钾肥为主，可追施硝酸钾分别为 15 千克/亩，10～12 千克/亩、8～10 千克/亩，每次冲钾时可追施沃地宝高氮腐殖质冲施肥 5～10 千克/亩	1. 晚间覆盖不可过早，保证棚室揭帘前棚温达到 12℃即可； 2. 果穗梗易坠裂品种，每穗果充分膨大时，用绳或专用番茄夹吊果穗，或用蘸花药涂抹果穗梗；
		温光管理	白天 20～28℃，夜间 12～20℃；注意覆盖防寒覆盖物，覆盖初期室内温度高，每天注意晚盖。安装净膜刀条布	
		植株调整	每穗果开始转色时，打掉该果穗下的老叶；6 穗果开花后留 2～3 片掐尖	
		采收	果实达到品种特性要求时采收，带萼片采收	

（续表）

时间	生育时期	管理内容	技术要点	注意事项
10～11 月	坐果采收期	病虫害防治	重点防叶霉和灰霉病。预防：百菌清烟剂或异菌嘧霉烟剂或喷施异菌脲、加瑞农、木霉菌等； 1. 叶霉病：用药同上。 2. 灰霉病：啶酰菌胺（凯泽）50% 水分散粒剂 1 000～1 250倍液或每亩用嘧霉胺 40% 悬浮剂 1 000倍液或咯菌腈（卉友）50% 可湿性粉剂 5 000倍液等。 3. 裂果：选择不易裂果品质；合理灌水，避免忽干忽湿，保持土壤湿度在 80% 左右为宜；多保留果实上的叶片避免阳光直射；喷施乙烯利 85% 原药 2 000～3 000毫升、0.1% 氯化钙、0.1% 硫酸铜、0.1% 硫酸锌提高抗裂性；喷施 27% 高脂膜乳液增强抗裂性	3. 打掉果穗下的老叶不可过早； 4. 注意“拾花”防灰霉病； 5. 喷雾防治灰霉病时，喷药要注意“喷透”
		育苗	11 月中旬，利用作业道等空地，采用营养钵或 72 孔穴盘，安排下茬番茄育苗	
12 月	采收期	水肥管理	1. 10～15 天浇 1 次水，保持水分的均匀供应； 2. 冲肥基本结束，为养护根系，可适当冲施甲壳素、海藻酸、真根等冲施肥	1. 注意做好保温工作，夜间温度达不到 10℃ 时，白天要提高棚温管理，白天最高温度控制在 32℃ 以内； 2. 防病时为防增加棚室湿度，最好应用烟剂、粉尘剂等
		温光管理	1. 注意保温，白天 20～28℃，夜间 12～20℃； 2. 注意放风，条件适宜尽量天天放风，严禁连续多日不放风； 3. 适当早揭晚盖覆盖物； 4. 后墙张挂反光幕	
		植株调整	每穗果开始转色时，打掉该果穗下的老叶	
		采收	陆续采收	
		病虫害防治	重点防叶霉、灰霉病和菌核病。叶霉、灰霉病用药同 10 月； 菌核病用药同灰霉病。新育苗木防猝倒病：普力克或亮盾	

（续表）

时间	生育时期	管理内容	技术要点	注意事项
1月	采收期	水肥管理	浇水即可，15～20天浇1次水，保持均匀供水。定植下茬番茄时，连同浇水，冲施高磷沃地宝（金汁玉液）10千克/亩	重点做好保温增温工作
		温光管理	1. 适当提高温度管理，白天最高温度控制在32℃以内； 2. 适当早揭晚盖覆盖物	
		采收和定植	陆续采收，还剩下上部两穗果时，约1月中旬，在种植台上直接定植下茬番茄；1月末2月初，当上茬番茄全部采收后，直接割秧带出棚外	
		病虫害防治	重点防叶霉、灰霉病和菌核病。新苗木交替喷施阿米多彩、百菌清、百泰等防病	
2月	开花结果期	水肥管理	1. 浇缓苗水，之后控水。 2. 地下不追肥，地上部分喷施绿亨红硼1 000倍液或绿亨壮苗灵300倍液或磷酸二氢钾500倍液	白天通风，防止晴好天气棚温过高
		温光管理	1. 白天注意放风，晚间注意保温，保持白天20～28℃，夜间12～20℃。 2. 适当早揭晚盖覆盖物	
		植株调整	1. 植株40左右厘米高时及时吊绳； 2. 单秆整枝，下部侧枝不要过早掰掉，长至8～10厘米打掉。 3. 花开后进行喷花，喷花药剂中加入6.25%精甲·咯菌腈（亮盾）200倍液，喷花处理方法同上	
		病虫害防治	间隔7～10天1次，交替喷施阿米多彩、百菌清、百泰等防病	
3月	开花结果期	水肥管理	第一穗果、第二穗果、第三穗果每穗果长到鸡蛋黄大小时分别追肥浇水。第一穗果：硝酸钾8～10千克/亩、高磷沃地宝（金汁玉液）10千克/亩；第二穗果：硝酸钾硝酸钾10～12千克/亩；第三穗果：硝酸钾15千克/亩。叶面喷施硝酸钙或氯化钙2～3次	防止棚温过高，要确保一定的昼夜温差，早晨揭帘时棚温保持在12℃即可
		温度管理	白天注意大放风，晚间注意晚覆盖，保持白天20～28℃，夜间12～20℃	
		植株调整	单干整枝，侧枝长出后要及时掰掉	

（续表）

时间	生育时期	管理内容	技术要点	注意事项
3 月	开花结果期	病虫害防治	1. 7～10 天喷药防病，交替喷施氢氧化铜 77% 可湿性粉剂 500～800 倍液、苯甲·嘧菌酯（阿米妙收）32.5% 悬浮剂 1 000 倍液、每亩用春雷·王铜（加瑞农）47% 可湿性粉剂 500～800 倍液等防病； 2. 易发病害：疫病、叶霉病、灰霉病； 3. 易发虫害：白粉虱； 病虫害用药同上	
4 月	坐果采收期	水肥管理	第四穗果、第五穗果、第六穗果每穗果长到鸡蛋黄大小时分别追肥浇水。第四穗果：硝酸钾 15 千克/亩、腐殖质高氮沃地宝 10 千克/亩；第五穗果：硝酸钾 10～12 千克/亩；第六穗果：硝酸钾 8～10 千克/亩	防止棚温过高，要确保 10～12℃的昼夜温差，要晚盖帘，保证早晨揭帘时棚温保持在 12℃；注意及时浇水，保证水分均匀供应
		温光管理	白天注意大放风，晚间注意晚覆盖，保持白天 20～28℃，夜间 20～12℃；外界最低气温 10℃以上，夜间不覆盖；15℃以上，晴好天气，夜间上风口不关	
		植株调整	每穗果开始转色时，打掉该果穗下的老叶；6 穗果开花后留 2～3 片掐尖	
		采收	果实充分转色，达到品种特性要求时采收，带萼片采收	
		病虫害防治	同 3 月	
5 月	坐果采收期	水肥管理	1. 5～7 天浇 1 次水，及时浇水； 2. 冲肥基本结束，植株长势弱，用磷酸二氢钾或绿亨红钾 + 红钙进行叶面喷肥	防止棚温过高，要确保 10～12℃的昼夜温差，要晚盖帘，保证早晨揭帘时棚温保持在 12℃；注意及时浇水，保证水分均匀供应；要注意防虫
		温光管理	白天注意大放风，保持白天 20～28℃，夜间 20～12℃；白天上风口大通风温度依然降不下来，可放底角风	
		采收	5 月末，采收基本结束	
		病虫害防治	病害重点是叶霉病，虫害重点是白粉虱。用药同上	

（续表）

时间	生育时期	管理内容	技术要点	注意事项
6月	空棚期	做好粪肥准备	准备农家粪肥15～20立方米/亩，进行沤制发酵，每月捣粪2次	
7月至8月中旬	空棚期	棚室处理	7月下旬，粪肥进棚，撒施，翻地，根据棚室病虫害发生情况，可分别采取高温闷棚、垄鑫（棉隆）98%微粒剂土壤消毒等工作	棚室墙体维护工作，防止汛期雨水造成棚室损毁
		育苗	订购工厂化苗木或采取“两网一膜”措施，进行自育苗	

喀左县日光温室茄子长季节栽培管理作业历

时间	生育时期	管理内容	技术要点	注意事项
5月下旬至6月上旬	育苗期	砧木催芽播种	砧木品种：托鲁巴姆 1. 催芽剂催芽：将一袋（10克）托鲁巴姆砧木种子打开，取出催芽剂，放入装有50克水的容器内，搅拌至完全溶化，将种子倒入容器内，浸泡36小时，捞出放入长7～8厘米、宽5～6厘米棉线小布袋内，用湿毛巾包好，在30～35℃条件下催芽，每天翻动小布袋1次，两天清水投洗1次，约5天开始出芽，8～9天后出芽80%～90%时即可播种； 2. 准备3～4平方米苗床，浇透水，把砧木种子均匀撒播苗床内； 3. 覆土0.4～0.5厘米； 4. 用精甲·咯菌腈（亮盾）6.25%悬浮剂1袋10毫升对水15千克喷淋苗床防病； 5. 平铺地膜保湿； 6. 撒毒谷防虫； 7. 出苗6～7成时，清晨揭掉地膜； 8. 两片子叶展平再喷淋一遍精甲·咯菌腈（亮盾）6.25%悬浮剂1 500倍液； 9. 苗床表土发干时用喷壶喷水； 10. 苗床温度白天不超30℃	砧木适当密播，每平方米3克以上
		接穗播种	1. 接穗品种：33～22、33～26、娜塔丽（10～706）等； 2. 播种适期：砧木幼苗拉“十”字时播种接穗种子； 3. 配制营养土：按3份园土1份腐熟猪肥比例配制； 4. 营养土装入10厘米×10厘米的营养钵摆入苗床，或直接铺在苗床内10厘米厚； 5. 浇透水，水渗后播种，每钵一粒种子或按10厘米×10厘米直播于苗床； 6. 覆土厚度1厘米；喷药、铺膜、撤膜等管理同砧木； 7. 苗床扣小拱棚进行“两网一膜”育苗	
		砧木移苗	当砧木第一片真叶直径1.5厘米左右时，约播后25～30天移入10厘米×10厘米的营养钵内，摆入苗床，扣小拱棚进行“两网一膜”育苗	
		粪肥准备	6月末前，亩准备15～20立方米农家粪肥，进行沤制发酵。应用秸秆降解技术，提前准备2 000～3 000千克	

（续表）

时间	生育时期	管理内容	技术要点	注意事项
7月	幼苗期	水肥管理	1. 适当控水，保持苗床见干见湿； 2. 根据秧苗长势，适当喷施磷酸二氢钾、绿亨壮苗灵等叶面肥	注意防高温，防强光暴晒、防雨淋、防病毒
		病虫害防治	1. 防虫网严密封闭苗床、悬挂黄板、蓝板； 2. 接穗两片真叶开始，间隔7～10天喷施氨基寡糖素0.5%水剂、盐酸吗啉胍（病毒灵）20%可湿性粉剂、烯・羟・吗啉胍（克毒宝）40%可湿性粉剂1 000倍等药剂3～4次，预防病毒病	
7月下旬至8月中旬	幼苗期	嫁接方法	劈接法： 1. 砧木处理：当砧木长到8～9片叶、茎粗0.5厘米时，在3片叶处半木质化位置用刀片平切去掉头部（砧木桩高8～10厘米），然后在砧木中间上下垂直切入1厘米深切口。 2. 接穗处理：接穗长到6～7片叶、茎粗0.4厘米时，在3片叶紫黑色与绿色相间处，用刀片平切去掉根部，削成楔状，楔形大小与砧木切口相符（1厘米长），随即将接穗插入砧木切口处，对齐后用嫁接夹子固定好	注意防高温，防强光暴晒、防雨淋、防病毒
		嫁接后管理	1. 湿度：嫁接后苗床浇透水，拱棚膜密闭。前6～7天不用通风，湿度保持在95%以上。7天后，每天通风1～2次，每次2小时左右，以后逐渐增加放风次数和延长通风时间，但仍要保持较高的空气湿度，每天中午喷清水1～2次，直至完全成活。 2. 温度：白天25～30℃，夜间20～22℃。 3. 光照。嫁接头3天用毯子或者麻袋片类东西全遮阴，第4～6天半遮阴。以后随着接口渐渐愈合逐渐撤掉遮阴物。10天后伤口基本愈合，转入正常管理。 4. 去掉分枝。叶腋间的分枝随时打掉，同时将苗钵疏开，以免影响正常生长	

（续表）

时间	生育时期	管理内容	技术要点	注意事项
7月下旬至8月中旬	幼苗期	病虫害防治	1. 嫁接用具要用开水或酒精消毒； 2. 嫁接前一天苗床喷百菌清 75% 可湿性粉剂 400 ~ 600 倍液 + 链霉素 72% 可溶性粉剂 3 000 ~ 4 500倍液； 3. 嫁接通风后及间隔 7 ~ 10 天喷百菌清（达科宁）75% 可湿性粉剂 1 000 ~ 1 200倍液防病； 4. 苗床用防虫网封闭和悬挂黄板、蓝板防止害虫为害	
		棚室处理	1. 清洁田园。 2. 平铺撒施粪肥后，撒施磷酸二铵 30 ~ 50 千克/亩，硝酸钙 20 ~ 25 千克/亩。 3. 深翻整地：翻深 30 ~ 35 厘米，把粪肥和土翻拌均匀。 4. 棚室处理：前茬病害较轻的棚室可采取高温闷棚措施，翻地后起高 30 厘米、宽 60 ~ 70 厘米大垄，覆盖地膜，浇透水，密闭棚室 15 ~ 20 天进行高温闷棚。病害较重棚室，翻地后用垄鑫（棉隆）98% 微粒剂土壤消毒剂，进行土壤消毒处理，时间 15 ~ 20 天	
8月下旬至9月中旬	幼苗期	整地做台	1. 按底宽 100 厘米、顶宽 80 厘米、高 15 ~ 20 厘米做台。两台中心间距 1.4 ~ 1.5 米。 2. 应用秸秆降解技术：定植前 10 ~ 15 天，开宽 60 ~ 70 厘米、深 25 厘米的沟槽，之后填秸秆、撒菌剂，回土做台	白天注意防高温，温度控制在 32℃ 以内；夜间注意防低温，最低棚温保证在 12℃ 以上
		定植	1. 按台间大行距 80 ~ 90 厘米、台上小行距 50 ~ 60 厘米、株距 45 ~ 50 厘米进行定植。 2. 定植时两埯之间施口肥，施硫酸钾 20 ~ 25 千克/亩，生物菌有机肥 80 ~ 120 千克/亩	

（续表）

时间	生育时期	管理内容	技术要点	注意事项
8 月下旬至9 月中旬	幼苗期	浇透“三水”	1. 提前造墒水：定植前 7～10 天作业道浇大水，浇足浇透； 2. 定植水要浇透； 3. 定植后 7 天左右缓苗水浇透	
		打孔、耪地	1. 造墒水后 5～6 天，埋秸秆的在台两侧用 2 厘米粗细的钎子倾斜着打孔，深度至秸秆底部； 2. 定植水后 3～4 天划锄耪地，远深近浅，秧苗坨附近 1～2 厘米、远 3～5 厘米深； 3. 缓苗水后 3～4 天再次划锄耪地； 4. 定植 20 天左右，结合除草第三次划锄耪地	
		喷施硼肥	7 天 1 次，喷施绿亨红硼等硼肥 2～3 次。	
		覆盖地膜	第三次划锄耪地后覆盖普通地膜。	
		病虫害防治	1. 净苗入室定植：苗床喷施嘧菌・百菌清（阿米多彩）56% 悬浮剂 1 000～1 200倍液＋链霉素 72% 可溶性粉剂 3 000～4 500倍液＋阿维・高氯 5% 乳油 20～25 毫升/亩； 2. 定植前，棚室上下风口、棚门安装 40 目防虫网； 3. 定植后间隔 7～10 天，喷施百菌清 75% 可湿性粉剂 400～600 倍液、嘧菌・百菌清（阿米多彩）56% 悬浮剂 1 000～1 200倍液、琥胶肥酸铜（DT）50% 可湿性粉剂 500 倍液等喷雾防病； 4. 茄子茎基腐病：精甲・咯菌腈 6.25% 悬浮剂 1 500倍液全株喷雾和 20 倍浓度涂抹发病茎秆； 5. 蓟马：乙基多杀菌素（艾绿士）6% 悬浮剂 1 000～1 500倍液、10% 烯啶虫胺等； 6. 白粉虱：噻嗪酮 25% 可湿性粉剂 1 000 倍液、吡虫啉 10% 乳油 4 000～6 000倍液、啶虫脒 20% 乳油 2 000倍液等； 7. 螨虫：阿维・噻螨酮 5% 乳油 1 000～3 000倍液、唑螨酯 5% 悬浮剂等； 8. 菜蛾：甲维盐 1% 乳油 2 000倍液、氯虫苯甲酰胺 20% 乳油 10 毫升/亩喷雾等； 9. 沤根：膜下暗灌小水；加强炼苗，注意通风；按时揭盖覆盖物	

（续表）

时间	生育时期	管理内容	技术要点	注意事项
9月下旬至10月上旬	开花结果期	水肥管理	1. 植株坐果前尽量不浇水； 2. 植株长势弱可喷磷酸二氢钾、喷施宝、中保喷旺等叶面肥	1. 注意更换新棚膜。 2. 棚外最低气温降到15℃时，夜间注意关闭下风口。12℃时上下风口全部关闭。5℃以下时前底角戳立帘
		温度管理	白天25～30℃，夜间12～20℃	
		植株调整	1. 及时打掉植株下部的分蘖； 2. 植株40厘米高时开始吊绳； 3. 开花后用茄子丰收素等喷花； 4. 双干整枝，主干上的侧枝留第一朵花，花后留2片叶抠尖	
		病虫害防治	1. 喷施嘧菌・百菌清（阿米多彩）56%悬浮剂1 000～1 200倍液、苯醚甲环唑（世高）10%水分散粒剂2 000倍液等防病； 2. 畸形果：加强温度调控，在花芽分化期和花期保持25～30℃适温最高不能超过35℃，加强肥水管理，及时浇水施肥，但不要施肥过量、浇水过大； 3. 落花：培育壮株，加强温湿度调控及肥水管理，注意不要夜间过高； 4. 虫害同上	
10月中旬至11月	采收初期	水肥管理	1. 植株坐果后追肥，尿素10～15千克/亩，硝酸钾8～10千克/亩；扎眼追施或随软管微喷灌冲施； 2. 7天左右浇1次水，每次浇水时随水施入肥料，用肥量基本同第一次	1. 及时安装防寒覆盖物，最低棚温8℃以上，不用覆盖； 2. 覆盖初期，晚间要晚覆盖，防止夜间棚温过高，保证清晨揭帘前12℃以上即可
		温度管理	白天25～30℃，夜间12～20℃	
		病虫害防治	1. 防病：间隔7～10天，交替喷施嘧菌・百菌清（阿米多彩）56%悬浮剂1 000～1 200倍液、唑醚・代森联（百泰）60%水分散粒剂1 000～3 000倍液等药剂进行防病。 2. 灰霉病：每千克喷花药水中加入精甲・咯菌腈（亮盾）6.25%悬浮剂5毫升进行喷花防病。花朵开败后及时摘除。用药：吡唑醚菌酯（凯润）25%乳油1 000～1 500倍液、嘧霉胺40%悬浮剂1 000倍液、腐霉利50%可湿性粉剂1 000～1 500倍液以及异菌・嘧霉烟剂等，间隔7～10天用药1次。 3. 畸形果：加强温度调控；加强肥水管理	

（续表）

时间	生育时期	管理内容	技术要点	注意事项
12月至翌年2月	采收期	水肥管理	浇水要上午10时前浇完，随水冲肥，以养根肥料为主，如绿亨强根壮苗灵、超级根王、甲壳素等氨基酸、腐殖质、海藻甲壳素等冲施肥每次5～10千克/亩，与高钾、高氮水溶肥每次每亩5～10千克配合冲施	1. 注意做好防寒保温工作； 2. 注意适当高温管棚； 3. 注意保护棚膜清洁
		温光管理	1. 要高温管棚，中午前后温度控制在34℃以内。 2. 要注意保温增温措施应用。保温措施如棚门内外设立缓冲间、前底角内上塑料围绕、外设立帘等，增温措施如棚室安装浴霸灯等灯具、应用增温燃料块和设置有烟道的炉具等。 3. 要早揭晚盖覆盖物，合理延长光照时间。 4. 后墙张挂反光幕	
		植株调整	此期侧枝长出后保留1片叶掐掉，不留果。	
		病虫害防治	此期重点是灰霉病和菌核病。都属于低温高湿型病害，要做好设施环境调控特别是浇水和排湿的管理工作。菌核病与灰霉病用药相同	
3～5月	中后期管理	水肥管理	水带肥，用肥量尿素5～10千克/亩，硝酸钾5～8千克/亩；扎眼追施或随软管微喷灌冲施	1. 注意控制棚温，保持早晨揭帘棚温12℃为宜； 2. 夜间最低气温12℃以上，晚上不盖草帘，15℃以上，晴好天气棚室上风口不关
		植株调整	植株1.8米左右高时掐尖，促进回头茄	
		病虫害防治	间隔7～10天，交替喷施百菌清75%可湿性粉剂400～600倍液、苯甲·嘧菌酯（阿米妙收）32.5%悬浮剂1 000倍液、嘧菌·百菌清（阿米多彩）56%悬浮剂1 000～1 200倍液、氧化铜77%可湿性粉剂500～800倍液等进行病害预防，此期重点防治叶部起斑点的一些病害，百菌清75%可湿性粉剂+氢氧化铜（可杀得叁千）46.1%可湿性粉剂，苯醚甲环唑（世高）10%水分散粒剂+异菌脲（扑海因）50%可湿性粉剂对茄子大部分叶面起斑点的病都有较好的效果	

（续表）

时间	生育时期	管理内容	技术要点	注意事项
6～8月	末期管理	清棚	根据市场情况随时结束采收进行清棚，不要撤掉棚膜	注意棚室墙体维护工作，防止汛期雨水造成棚室损毁
		安排下茬生产	要在6月末前准备下茬生产粪肥，做好腐熟发酵工作	

喀左县日光温室辣椒长季节栽培管理作业历

时间	生育时期	管理内容	技术要点	注意事项
7月下旬	发芽期	种苗管理	1. 建议选用工厂化育苗； 2. 自育苗： （1）在温室外选择通风透光、雨后不积水地块做苗床； （2）3份园土1份腐熟农家肥配制营养土或选用商品育苗基质； （3）营养钵或穴盘育苗； （4）包衣种子干籽直播（未包衣种子55℃温水浸种15分钟，不停搅拌；常温水继续浸种6~8小时，后用干净湿毛巾包起置于25~30℃条件下催芽，种子露白即可播种）； （5）每个营养钵或每孔穴盘播种一粒种子； （6）覆土1厘米； （7）苗床浇水至营养钵的8成高度，洇透营养钵（穴盘育苗则喷淋浇透）； （8）喷淋精甲·咯菌腈（亮盾）6.25%悬浮剂1 500倍液，药液3千克/平方米； （9）覆盖地膜保湿； （10）苗床支拱架，用防虫网全封闭、安装旧棚膜防雨，小拱棚上方置遮阳网	注意防高温，及时遮盖遮阳网遮阳降温
		病虫害防治	1. 播种浇透水后以及两片子叶展平喷淋精甲·咯菌腈（亮盾）6.25%悬浮剂。 2. 烧苗：晴天适时适量做好苗床通风管理，床温保持在20~25℃；发生烧苗要及时遮阳，并适量浇水。 3. 闪苗：注意及时通风，掌握好通风量，避免幼苗在较高温度下骤遇冷流	
		温湿度控制	1. 幼苗出土前白天25~30℃、出土后25~28℃，夜间15~20℃； 2. 出6~7成苗时，在清晨揭掉地膜	

（续表）

时间	生育时期	管理内容	技术要点	注意事项
8月	幼苗期	水肥管理	1. 适当控水，不可忽干忽湿，保证苗床水分供应均匀； 2. 根据秧苗长势，适当喷施磷酸二氢钾、喷施宝等叶面肥	注意防高温，防强光暴晒、防雨淋、防病毒
		病虫害防治	1. 防虫网封闭苗床、悬挂黄板、蓝板； 2. 两片真叶开始，间隔7～10天喷施氨基寡糖素0.5%水剂、吗呱·乙酸铜20%可湿性粉剂500～600倍液、烯·羟·吗啉胍（克毒宝）40%可湿性粉剂1 000～1 500倍液等药剂3～4次，预防病毒病	
9月	定植期	整地施肥	1. 施入底肥：棚室撒施腐熟粪肥15～20方/亩、磷酸二铵40～50千克/亩、硝酸钙20～25千克/亩、硫酸钾20～25千克/亩； 2. 粪肥上喷洒农药：辛硫磷40%乳油300毫升、多菌灵50%可湿性粉剂3～4千克； 3. 翻耕整地：深翻20～25厘米，粪土翻拌均匀； 4. 应用秸秆降解技术； 5. 做台：大行距1.4～1.5米做台，台底宽90～100厘米、顶宽70～80厘米； 6. 定植时两埯之间施口肥，亩施生物菌有机肥80～120千克	
		浇透“三水”	1. 提前造墒水：定植前7～10天作业道浇大水，浇足浇透； 2. 定植水要浇透； 3. 定植后7天左右缓苗水浇透	
		打孔、耪地	1. 造墒水后5～6天，埋秸秆的在台两侧用2厘米粗的钎子扎孔深至秸秆底部； 2. 定植水后3～4天划锄耪地，划锄远深近浅，秧苗坨附近1～2厘米、远处3～5厘米； 3. 缓苗水后3～4天同再次划锄耪地； 4. 定植20天左右，第三次划锄耪地	

（续表）

时间	生育时期	管理内容	技术要点	注意事项
9月	定植期	覆盖地膜	三次划锄耪地后覆盖普通地膜	1. 注意栽苗不要过深，和苗坨持平即可； 2. 注意控制棚温白天棚温25～28℃，尽量不超30℃； 3. 夜间气温降到12℃注意关底风； 4. 注意防雨水进棚
		病虫害防治	1. 定植前棚室上下风口、棚门安装40目防虫网。 2. 药剂蘸穴盘（营养钵灌根），精甲·咯菌腈6.25%悬浮剂1 500倍液+碧护7 000倍液+噻虫嗪（卉健）21%悬浮剂3 000倍液蘸穴盘5～10分钟。 3. 定植7天后喷嘧菌·百菌清（阿米多彩）56%悬浮剂1 500倍液+氨基寡糖素0.5%水剂750倍液。 4. 覆盖地膜后喷噻菌铜（龙克菌）20%悬浮剂500倍液或链霉素72%可溶性粉剂3 000～4 500倍液防细菌性病害。 5. 易发病害。疫霉根腐病：精甲霜·锰锌（金雷多米尔）68%水分散粒剂100～120克/亩、精甲·咯菌腈6.25%悬浮剂1 500倍液喷雾、灌根；病毒病（用药同上）；重点做好防虫工作。 6. 易发虫害。蓟马：乙基多杀菌素（艾绿士）6%悬浮剂1 000～1 500倍；白粉虱：噻嗪酮25%可湿性粉剂1 000倍液；螨虫：阿维·噻螨酮5%乳油1 000～3 000倍液、唑螨酯5%悬浮剂使用浓度为20～50毫克/千克；小菜蛾：甲维盐1%乳油2 000倍液、氯虫苯甲酰胺20%悬浮剂10毫升/亩喷雾	
10月	开花期	水肥管理	1.7天1次，喷施绿亨红硼等硼肥2～3次； 2. 植株坐果前适当控水	1. 注意不可控水过严，出现轻微旱象浇小水； 2. 10月上旬更换新棚膜； 3. 10月中旬下风口封严； 4. 注意及早安装草帘、棉被等覆盖物； 5. 注意用塑料包被覆盖物
		植株调整	1. 及时打掉植株下部的分蘖； 2. 植株40厘米高时开始吊绳	
		病虫害防治	1. 间隔7～10天，轮流喷施嘧菌·百菌清（阿米多彩）56%悬浮剂1 000～1 200倍液、苯醚甲环唑（世高）10%水分散粒剂2 000倍液防病； 2. 易发病害：白粉病：醚菌酯（翠贝）50%干悬浮剂2 500～4 000倍液、乙嘧酚25%水剂1 000倍液、吡唑醚菌酯（凯润）25%乳油2 000倍液等	

（续表）

时间	生育时期	管理内容	技术要点	注意事项
11 月	坐果采收期	水肥管理	1. 植株坐果后追肥，尿素 10～15 千克/亩，硝酸钾 8～10 千克/亩；扎眼追施或随软管微喷灌冲施； 2. 每一层果坐住后追肥，用肥量基本同第一次	1. 注意安装净膜刀条布； 2. 草帘覆盖初期每晚尽量晚盖，注意控制夜温，以早晨揭帘子 12℃ 为宜
		植株调整	1. 3 秆或 4 秆整枝，每秆一吊绳； 2. 每条主干上的侧枝留 1 个椒，椒后留 3 片叶掐尖	
		病虫害防治	1. 交替喷施嘧菌・百菌清（阿米多彩）56% 悬浮剂 1 000～1 200倍液、甲霜铜 50% 可湿性粉剂 150 克，对水 75 千克左右喷雾，一周左右喷 1 次，连喷 2～3 次、氢氧化铜（可杀得叁千）46.1% 可湿性粉剂 1 000～1 200倍液等进行防病。 2. 易发病害。白粉病、灰霉病。灰霉病：啶酰菌胺（凯泽）50% 水分散粒剂 1 000～1 250倍液、每亩用嘧霉胺 40% 悬浮剂 1 000倍液、腐霉利 50% 可湿性粉剂 1 000～1 500倍液以及异菌・嘧霉烟剂	
12 月至翌年 2 月	坐果采收期	水肥管理	以养根肥料为主，如真根、绿亨强根壮苗灵、甲壳素等氨基酸、腐殖质、海藻素等冲施肥每次 5～10 千克/亩，与高钾、高氮水溶肥每次5～10 千克/亩配合冲施	1. 注意久阴乍晴时要缓揭慢揭帘，要揭揭停停，以及叶面喷肥水防生理萎蔫； 2. 浇水要注意在晴天上午 10 点前浇完。浇水后注意闷棚提温到 35℃，1～2 小时再通风排湿； 3. 低温期也一定要注意放风，可在中午前后放小风和短时间放风，不要连续几天不放风，防止有害气体危害
		温光管理	1. 要高温管棚，中午前后温度控制在 32℃ 以内； 2. 要注意保温增温措施应用，如棚门内外设立缓冲间、前底角内上塑料围裙、外设立帘等，以及安装增温灯、应用增温燃料块和设置有烟道的炉具等； 3. 要早揭晚盖覆盖物，合理延长光照时间； 4. 后墙张挂反光幕	
		植株调整	及时去掉无效枝及病老黄叶	
		病虫害防治	1. 此期重点是灰霉病和菌核病。都属于低温高湿型病害，要做好设施环境调控特别是浇水和排湿的管理工作。菌核病与灰霉病用药同上。 2. 日灼病：合理密植，必要时进行遮阳，减少空气湿度	

（续表）

时间	生育时期	管理内容	技术要点	注意事项
3～5月	中后期	水肥管理	浇时水带肥，用肥量尿素5～10千克/亩，硝酸钾7～10千克/亩；扎眼追施或随软管微喷灌冲施	1. 注意控制棚温，保持早晨揭帘子棚温12℃为宜； 2. 夜间最低气温12℃以上，晚上不盖草帘，15℃以上，晴好天气上风口不关
		植株调整	及时去掉无效枝及病老黄叶	
		病虫害防治	1. 白粉病：醚菌酯（翠贝）50%干悬浮剂2 500～4 000倍液、乙嘧酚25%水剂1 000倍液、吡唑醚菌酯（凯润）25%乳油2 000倍液； 2. 炭疽病：苯甲·嘧菌酯（阿米妙收）32.5%悬浮剂1 000倍液、咪鲜胺25%乳油1 000倍液叶面喷雾间隔10～15天、多·福·溴菌腈（中保炭息）40%可湿性粉剂800倍液等	
6～8月	末期	清棚	根据市场价格情况决定拉秧清棚时间，不要撤掉棚膜	注意棚室墙体维护工作，防止汛期雨水造成棚室损毁
		下茬准备	要在6月末前准备下茬生产粪肥，做好腐熟发酵工作	
		棚室处理	7月下旬到8月，做好棚室处理工作。前茬病害较轻的棚室，采取高温闷棚措施：翻地起垄，覆盖地膜，浇透水，密闭棚室15～20天。病害较重棚室，施入粪肥后深翻整地，混拌均匀，用98%垄鑫等土壤消毒剂，进行土壤消毒	

喀左县冷棚辣椒栽培管理作业历

时间	生育时期	管理内容	技术要点	注意事项
2月	育苗期	播种管理	1. 育苗场所：温室。 2. 做原苗苗床：1 亩冷棚需育苗面积 4 ~ 5 平方米。 3. 铺设电热线。 4. 铺事先准备好的营养土 10 厘米厚。 5. 浇透底水。 6. 播种。 7. 覆土 1 厘米厚。 8. 喷淋精甲·咯菌腈 6.25% 悬浮剂（1 袋 10 毫升对水 15 千克）或霜霉威盐酸盐（普力克）72.2% 水剂 400 倍液。 9. 覆盖地膜。 10. 温度控制：白天 25 ~ 30℃，夜间 15 ~ 20℃；地温 18℃以上；棚温达不到，苗床支扣小扣棚	育苗温室保温增温工作
	幼苗期	苗床管理	1. 出苗 7 ~ 8 成，棚室揭开帘子后撤掉平铺地膜。 2. 温度：白天 25 ~ 28℃，夜间 12 ~ 20℃；地温 18℃以上。 3. 水分：表土发干时喷啉浇水。 4. 光照：正常揭盖草帘即可	育苗温室保温增温工作
		病虫害防治	两片子叶展平及间隔 7 ~ 10 天，喷淋两遍精甲·咯菌腈 6.25% 悬浮剂（1 袋 10 毫升对水 15 千克），防猝倒病和立枯病	
3月	幼苗期	苗床管理	1. 直接在育苗温室制作分苗苗床，每亩需分苗苗末面积 30 ~ 40 平方米。 2. 分苗前低温炼苗，白天 20 ~ 25℃，夜间 10 ~ 15℃。 3. 幼苗 2 ~ 4 片真叶时，分苗到 10 厘米 × 10 厘米营养钵中；分苗后高温管理促缓苗，白天 28 ~ 32℃，夜间 15 ~ 20℃，缓苗后白天 25 ~ 28℃，夜间 12 ~ 20℃。 4. 肥水管理：分苗前控水，分苗时浇透水，缓苗后保持苗床均匀供水；叶面喷施 1 ~ 2 遍 500 倍液磷酸二氢钾、0.136% 赤·吲乙·芸苔（碧护）（3 克/亩）等叶面肥，培育壮苗	

（续表）

时间	生育时期	管理内容	技术要点	注意事项
3月	幼苗期	水肥管理	保持苗床水分均匀供应，秧苗长势正常，不用叶面追肥；长势弱叶面喷施500倍液磷酸二氢钾、喷施宝2 000倍液、速乐硼0.08%～0.1%等叶面肥	育苗温室保温工作
		病虫害防治	1. 百菌清75%可湿性粉剂400～600倍液、唑醚·代森联（百泰）60%水分散粒剂1 000～3 C00倍液等交替喷施2～3遍，进行防病。 白粉虱：噻虫嗪25%水分散粒剂4 000倍液、噻嗪酮25%可湿性粉剂1 500～2 000倍液； 潜叶蝇：灭蝇胺50%可湿性粉剂2 000倍液、阿维菌素（爱福丁1号）1.8%乳油1 000～1 500倍液； 2. 烧苗：晴天适时适量做好苗床通风管理，床温保持在20～25℃；发生烧苗要及时遮阳，并适量浇水。 3. 闪苗：注意及时通风，掌握好通风量，避免幼苗在较高温度下骤遇冷流	
		做好冷棚生产准备工作	1. 3月初备好扣棚物资，规划地块，定好棚柱点，挖地锚及立柱坑；及时建设冷棚，跨度8～10米，高度2.4～2.8米，长度70～80米； 2. 亩撒施粪肥8～10立方米； 3. 拱膜烤地15～20天； 4. 3月下旬至月末，撒施磷酸二铵40～50千克/亩，硫酸钾20～25千克/亩，硝酸钙20～25千克/亩，整地做台，铺软管，覆地膜	
4月	定植及开花期	定植时间	4月上旬，棚内最低气温稳定在5℃以上，10厘米地温稳定在12℃度以上一周时间定植	1. 防白天高温和夜间低温；
		定植方法	1. 种植台上栽双行，台上行距50厘米，株距根据品种栽培密度确定； 2. 打孔器或开穴种植； 3. 栽苗深度：和苗坨上表面一致	
		温度管理	定植后缓苗前，白天28～32℃，夜间要通过扣小拱棚、棚四周围草帘子等加强保温工作，最低温度控制在12℃以上。缓苗后白天25～28℃，白天注意防高温，温度28℃要注意通风，夜间要注意保温	

（续表）

时间	生育时期	管理内容	技术要点	注意事项
4 月	定植及开花期	水肥管理	1. 栽苗后浇透水； 2. 缓苗后浇缓苗水； 3. 以后门椒结果前适当控水，旱了浇小水； 4. 可用磷酸二氢钾 0.8% ~1% 等进行叶面喷肥	2. 棚内不要进雨水； 3. 防大风
		植株调整	及时打掉植株下部的分枝，植株 40 厘米左右高时吊绳或插架护秧	
		病虫害防治	定植后喷施百菌清 75% 可湿性粉剂 400 ~600 倍液 + 链霉素 72% 可溶性粉剂 3 000 ~4 500倍液；缓苗后间隔 7 ~10 天，喷施 2 ~3 遍防病毒病的药剂如氨基寡糖素 0.5% 水剂、宁南霉素 2% 水剂 200 倍液等；冷棚四周放风口要安装防虫网，以利防虫	
5 月	坐果采收期	水肥管理	1. 植株坐果后追肥，尿素 5 ~10 千克/亩，硝酸钾 8 ~10 千克/亩；穴施或随软管微喷灌冲施。 2. 每一层果坐住后追肥，氮、钾肥为主	防白天高温
		温度管理	白天 25 ~28℃，夜间 12 ~20℃；白天注意防高温；外界最低温度 15℃以上，晴好天气不关放风口	
		植株调整	3 秆或 4 秆整枝，每秆一吊绳；每条主干上的侧枝留 1 ~2 个椒，椒后留 2 片叶掐尖；侧枝上的椒采收时，连同侧枝一同掰掉	
		病虫害防治	1. 百菌清 75% 可湿性粉剂 400 ~600 倍液、氢氧化铜（可杀得3 000）46.1% 可湿性粉剂 1 000 ~1 200倍液均匀喷雾，每隔 7 ~10 天喷 1 次，连喷 2 ~3 次、琥胶肥酸铜 50% 可湿性粉剂 500 倍液，间隔 7 ~10 天交替喷施 2 ~3 遍，进行防病； 2. 白粉病：乙嘧酚 25% 水剂 1 000倍液、醚菌酯（翠贝）50% 干悬浮剂 2 500 ~4 000倍液； 3. 病毒病：氨基寡糖素 0.5% 水剂、宁南霉素 2% 水剂 200 倍液； 4. 日灼病：合理密植，必要时进行遮阳，减少空气湿度	

（续表）

时间	生育时期	管理内容	技术要点	注意事项
6月	坐果采收期	水肥管理	隔水一肥，冲肥3次，氮钾为主，每次尿素10～15千克/亩，硝酸钾8～10千克/亩	防白天高温
		温度管理	白天25～28℃，夜间12～20℃；白天注意防高温	
		植株调整	及时去掉无效枝、内膛枝和下部病老黄叶	
		病虫害防治	1. 施嘧菌·百菌清（阿米多彩）56%悬浮剂1 000～1 200倍液、噻菌铜20%悬浮剂500倍液，间隔7～10天，交替喷施2～3遍，进行防病； 2. 白粉病：乙嘧酚25%水剂1 000倍液、醚菌酯（翠贝）50%干悬浮剂2 500～4 000倍液； 3. 炭疽病：咪鲜胺25%乳油1 000倍液、炭疽福镁80%可湿性粉剂800倍液； 4. 褐斑病：苯醚甲环唑（世高）10%水分散粒剂2 000倍液、甲基硫菌灵50%可湿性粉剂1 000～1 500倍液； 5. 虫害主要是白粉虱，药剂同上	
7～8月	坐果采收期	水肥管理	隔水一肥，氮钾为主，每次尿素10～15千克/亩，硝酸钾8～10千克/亩，适当配合追施甲壳素类、腐殖质类冲施肥1～2次，如：沃地宝金汁玉液5～10千克/亩；叶面喷施氯化钙或硝酸钙2～3次	昼夜防高温
		温度管理	因外温较高，除加大通风以外，要采取棚膜上撒泥浆、或喷洒白色涂料、或降温产品利凉、或应用遮阳网等，尽量控制在32℃以下，夜间注意大通风；作业道浇小水降温	
		植株调整	及时去掉无效枝、内膛枝和下部病老黄叶	
		病虫害防治	1. 甲霜铜50%可湿性粉剂150克，对水75千克左右喷雾，一周左右喷1次，连喷2～3次；嘧菌酯·苯醚甲环唑（阿米妙收）32.5%悬浮剂1 000倍液；噻菌铜20%悬浮剂600倍液等交替喷施，预防病害发生。 2. 软腐病：72%农用链霉素可溶性粉剂3 000～4 500倍液、噻菌铜20%悬浮剂500倍液。 3. 疫病：霜霉威72.2%水剂600～800倍液、精甲霜·锰锌（金雷）68%水分散粒剂100～120克/亩、烯酰吗啉50%水分散粒剂1 500～2 000倍液等。 4. 白粉病、炭疽病等，用药同上	

（续表）

时间	生育时期	管理内容	技术要点	注意事项
9月	坐果采收期	水肥管理	隔水一肥，氮钾为主，每次尿素10～15千克/亩，硝酸钾8～10千克/亩	防白天高温和夜间低温
		温度管理	白天25～28℃，夜间12～20℃，9月中下旬，外界最低气温降到10℃以下时，注意保温	
		植株调整	及时去掉无效枝、内膛枝和下部病老黄叶	
		病虫害防治	重点防白粉病	
10月	采收末期	水肥管理	重施1次肥料，追施尿素15～20千克/亩，之后不再追肥，保证均匀供水即可	加强保温工作，尽量延长生长期
		温度管理	白天25～28℃，夜间12～20℃，夜间棚室周围立草帘，加强保温工作	
		采收	10月20日左右，一次性采收清园	

凌源市日光温室东方百合栽培管理作业历

时间	生育时期	管理内容	技术要点	注意事项
6～8月	播前准备	1. 土壤消毒 2. 灌水洗盐 3. 土壤 pH 值调整 4. 整地施基肥	1. 土壤消毒：定植前一个月进行垄鑫消毒。 步骤如下： ①施药前准备：清洁田园，施入腐熟农家肥，灌水增湿，使草籽病菌萌动； ②施药：按每平方米 30～40 克用药量将药剂均匀撒施在土表，将药剂与 20 厘米深土层混拌均匀，喷水增湿土壤，立即覆盖塑料四周用土压实，密闭 10～15 天； ③揭膜通风 7～10 天，松土 1～2 次； ④定植前做安全性检测：可在施药区撒种小白菜，如发芽即可定植。 2. 灌水洗盐：为防止盐分在土表积累，应采用大水漫灌进行洗盐，利用 6～8 月换茬空隙揭去棚膜，深翻土壤，灌水浸田 2～3 天后把水放干，或灌水后覆膜提高土温，达到洗盐和灭菌目的。 3. 土壤 pH 值调整：东方百合适宜生长的土壤 pH 值为 5.5～6.5，为降低土壤 pH 值，可向表土施土壤调制剂 50～100 千克/亩，或硫黄粉 50～100 千克/亩。 4. 整地施基肥：种植百合应选择肥沃、土层深厚、结构疏松、富含有机质的壤土为宜，所以每年应向土表施充分腐熟的牛粪 15 立方米/亩左右，并在定植前撒施长效硫酸钾 50 千克/亩、长效尿素 10 千克/亩、过磷酸钙 50 千克/亩，与表土混拌均匀	1. 土壤消毒后一定要进行安全检测； 2. 一定将土壤 pH 值调至微酸

（续表）

时间	生育时期	管理内容	技术要点	注意事项
8 月 中下旬	种球发芽期	1. 品种选择 2. 种球选择 3. 种球解冻 4. 种球消毒	1. 品种选择：荷兰、法国、智力等地进口的西伯利亚、索邦、黄天霸、木门等。 2. 种球选择：选新鲜饱满、鳞片紧实完整、无病虫、基盘主根粗壮数量较多。周径 14 ~ 18 厘米，均衡度好，新芽生长点高度占鳞茎高度 70% 以上，种球茎眼修复良好、芽粗壮、芽心粉红色。 3. 种球解冻：种球抵达后应及时打开塑料包装袋，放在 10 ~ 15℃环境下缓慢解冻，种球解冻后应适时下种；因客观原因不能播种的应放在 2 ~ 5℃下存放，如超过一周还不能播种的应放在 0 ~ 2℃下保存。解冻的种球不能再次冷冻。 4. 种球消毒：将解冻种球放在多菌灵 80% 可湿性粉剂 500 倍液 + 恶霉灵 15% 可湿性粉剂 500 倍液药液或多菌灵（福美双）50% 可湿性粉剂 + 甲霜灵 25% 可湿性粉剂 500 倍药液中浸泡 20 分钟阴干再种。浸球时根据虫情轻重适当添加杀虫剂	1. 种球应放在阴凉处缓慢解冻； 2. 解冻种球应及时播种，不能再次冷冻
8 月 20 ~ 30 日	萌芽期	1. 播种形式 2. 播种程序 3. 遮阴降温	1. 播种形式：1 米平畦播种 3 行，每亩种植 1.2 万 ~ 1.4 万粒。 2. 播种程序：平地开沟，喷消毒剂，撒调制剂，栽球，种球上方覆土 6 ~ 8 厘米，浇透水，2 ~ 3 天后浇第 2 次水，7 ~ 10 天根据土壤情况浇第 3 次水。 3. 遮阴降温：百合萌芽生根适宜的土温为 12 ~ 13℃，而此时正处于高温期，应采用遮光率 70% 的遮阳网进行遮光降温	1. 百合一年四季都可定植，农民可根据自己选择的上市时间来确定播种期，百合生长期因温度的不同而不同，一般夏季温度高，生长期短，为 70 ~ 90 天，冬季温度低，生长期长，为 120 ~ 150 天。 2. 种植密度。①根据品种特性，硬枝条品种密一些、软枝条品种稀一些。②种球小密一些，种球大稀一些。③冬季播种密一些，夏季播种稀一些。 3. 生根期保持低地温

（续表）

时间	生育时期	管理内容	技术要点	注意事项
9月1～20日	幼苗期	1. 温光管理 2. 中耕锄草 3. 防病虫	1. 温光管理：在茎生根长出之前，土壤温度12～13℃，生长期最适气温16～25℃，最低温度8℃。 2. 光照：从种球定植到苗高40厘米左右应全遮阳。 3. 勤中耕锄草。 4. 防病虫：①灰霉病：叶上生1～2毫米的黑褐色圆点，湿度大时发展成较大的圆形或椭圆形界限分明的斑点并见灰色霉层，防治方法：通风降湿，同时喷洒嘧霉胺40%可湿性粉剂1 000倍液或烯啶菌胺50%可湿性粉剂1 000倍液。②根腐病：根系变红褐色，叶片外卷变黄脱落，用恶霉灵15%可湿性粉剂2 000倍液或多菌灵50%可湿性粉剂+福美双50%可湿性粉剂500～600倍液灌根。③病毒病：植株矮小，上部叶扭曲黄化，条状病斑，花朵变小畸形。防治方法：及时防治蚜虫并用盐酸吗啉胍20%可湿性粉剂500倍液喷雾。④叶枯病：叶上产生圆形或椭圆形病斑，2～10毫米，浅黄褐色，湿度大时产生灰色霉层，严重时整个叶变灰白枯死，防治方法：多菌灵80%可湿性粉剂600倍液或农利灵50%水分散剂1 000倍液喷雾。⑤蚜虫、白粉虱：叶面喷施啶虫脒或吡虫啉防治。 5. 培垄：行间开沟培土，诱发茎生根	1. 超过28℃会降低植株高度，减少花蕾数，并产生盲花，夜间温度低于13℃会导致落蕾，叶片黄化，降低观赏价值。 2. 及时防病虫。 3. 及时培土，诱发茎生根

（续表）

时间	生育时期	管理内容	技术要点	注意事项
9月20日至10月20日	营养生长及花芽分化期	1. 浇水 2. 营养供给	1. 浇水：最好采用滴灌的方式给水，浇水以小水勤浇为原则，切忌忽干忽湿，同时保证一定的空气湿度，剧烈变化会导致叶烧。 2. 营养供给：前期以氮、钙为主，中期施次磷肥，后期以钾、铁为主。百合种球播后至苗高25厘米前，茎生根长度未达到5厘米前为保证根系发育良好，一般不进行追肥。追肥通常使用尿素、硫酸铵、腐殖酸、硝酸钙、硝酸钾、硫酸钾等酸性肥料，土壤追肥以3～4次为宜，间隔期15～20天。为减少土壤盐分积累，提倡叶面喷肥。 应注意补施硼、镁、铁肥。如植株下部叶发黄，应追施硫酸镁；如上部新叶发黄，则需用螯合铁喷雾或灌根；如叶面整体发黄，则应追施氮肥或叶面喷施0.3%的尿素	1. 始终保持土壤和空气湿润； 2. 及时补充微量元素
10月20日至12月10日	蕾期	1. 温度管理 2. 光照管理	1. 温度：白天26～28℃，夜间15～18℃。 2. 光照：（1）花蕾分化至花苞长出时叶烧敏感期，光照和湿度变化不能过大，光照很强时要求中午11～14时遮阴。（2）当花苞长到1～3厘米时适当增加光照，以利花苞生长和成花物质的积累。（3）当花苞长至4～6厘米时适当遮阴，避免强光照射出现早熟现象。（4）采花前一周适当加大遮阴，促进花苞伸长	
12月10日～20日	转色采收期	1. 采收标准 2. 采收流程	1. 采收标准：根据市场行情及运转距离合理采收。一般基部1～2个花苞开始显色，但仍然紧抱时开始采收。 2. 采收流程：采收→分级→剔脚叶→捆扎→插水冷藏	1. 如因气候异常或计划失误等原因造成百合花期提早，而市场需求不旺，可采取保鲜冷藏的办法。配方：30克/升蔗糖+400毫克/升8－HQC+200毫克/升赤霉素，可延长贮藏2～3周。 2. 根据花苞数量、茎长度、坚硬程度及叶片和花苞是否有损伤进行分级

凌源市日光温室玫瑰栽培管理作业历

时　间	生育时期	管理内容	技术要点	注意事项
3月	定植前期	土壤准备	用垄鑫或必速灭进行土壤消毒。15～20千克/亩	消毒时间应在15～25天为宜，翻耕土壤1～2次，通气时间为10～15天
			深翻土壤，40～50厘米，施有机肥（腐熟锯末或秸秆+农家肥）25立方米/亩，增施复合肥（N：K：P＝16：8：16）40千克/亩。pH值为5.5～6.5	农家肥以羊粪、牛粪混合发酵使用为佳
4月	定植及苗期管理	1. 定植 2. 温湿度管理	每床“之”字形双行定植，株行距（13～15）厘米×35厘米，定植密度6 000～7 000株/亩	
			定植后浇透水并使室温升高至15～18℃。采用60%遮阳网覆盖15～20天，缓苗后移去。缓苗期做好种苗保湿，空气相对湿度达到65%～70%	叶片萎蔫时进行喷雾补水
5～7月	生长期及采花期	1. 温度管理 2. 水分管理 3. 肥水管理 4. 植株管理 5. 采花 6. 病虫害防治	适宜生长温度白天15～26℃，夜间12～16℃，最适的日光温度20～25℃，30℃以上生长和开花不良，低于5℃停止生长，土壤温度保持在18℃左右最好，光照时数不少于6小时	安装硫黄熏蒸器进行熏蒸防治白粉病
			喜湿，相对湿度应控制在70%左右，但忌土壤积水，湿度过大，易引发病害	
			施肥要薄施，勤施。苗期对氮要求多一些，产花期对磷要求多一些，总体上应按照N：K：P＝1：1：2或1：1：3比例进行施肥。苗期：指移苗后到留下切花枝以前这段时间，大约3个月，少施勤施，每20～25天结合浇水施肥1次，以氮为主，每次每亩不超过15千克，叶面10～15天1次，用0.2%～0.3%尿素加入一定量磷、钾肥及微量元素	花期用0.1%的磷酸二氢钾喷施以提升花色。追肥忌氮肥过重，施肥后要及时补水降盐。 滴灌施肥要选择溶解性高的肥料。滴灌施肥系统是采用土壤深施埋肥法。植株缺铁或缺锰时，用0.05%的螯合铁溶液或0.05%螯合锰溶液叶面喷施

（续表）

时　间	生育时期	管理内容	技术要点	注意事项
			新枝长到大约 40 厘米，花苞露色时应摘除花苞，将枝条压到垄两侧固定的铁丝下面，之后长出的枝条也用同样的管理方法，3 个月左右，3 个枝条被压下，作为营养枝后，再长出的枝条周长大于 0.8 厘米，可作为切花枝，之后打掉下压枝上的新芽和花苞，以及切花枝上的侧蕾，第一枝花采收时应留 10 厘米左右的枝干，第二、第三枝切花采收时就留 3 ~ 4 厘米枝干，经几次剪收后，一般每株留 6 个采花母枝即可保证产量	
			当地销售应在花蕾开放或半开放时采收，远距离运输时，红色和粉色品种要在花蕾外面花瓣的边缘伸开时采收，黄色品种要再略早些，白色品种则要再略晚些。冬季采收花蕾开放得要大些，夏季采收花蕾开放得要小些。花瓣多的品种采收时花蕾开放得要大些，花瓣少的品种采收时花蕾开放得要小些	外地销售在花蕾膨大到拇指大小时上网罩，利于运输时保存
4 月	定植及苗期管理	1. 定植 2. 温湿度管理	白粉病防治方法，硫黄熏蒸器 80 ~ 100 平方米挂 1 个，阴雨天预防，每天熏 30 分钟左右。嘧霉胺 20% 乳油 1 000倍液，腈菌唑 12.5% 乳油 3 000倍液，已唑醇 5% 乳油 1 000倍液，戊唑醇 25% 乳油 2 000倍液。 霜霉病防治方法，甲霜灵・锰锌（雷多米尔・锰锌、进金、农士旺、稳达、金瑞霉）58% 可湿性粉剂 700 倍液，霜脲氰・锰锌（克露或克霜氰）72% 可湿性粉剂 700 倍液，安克锰锌 69% 可湿性粉剂 900 倍液。 黑斑病防治方法，百菌清 75% 可湿性粉剂 500 倍液，甲基硫菌灵（甲基托布津）70% 可湿性粉剂 1 000倍液，多菌灵 50% 可湿性粉剂 1 000倍液。 红蜘蛛防治方法，速螨酮（灭螨灵）15% 乳油 2 000倍液，炔螨特（克螨特、丙炔螨特）73% 乳油 2 000倍液，三唑锡（贝尔霸，三唑环锡）20% 乳油 3 000倍液。 蚜虫防治方法，挂黄板诱杀。阿维菌素（克螨克）1.8% 3 000 ~ 5 000倍液，吡虫啉（一遍净、蚜虱净、大功臣）10% 可湿性粉剂 2 000倍液。 鳞翅目幼虫防治方法，辛硫磷 50% 乳油 1 000 ~ 1 500 倍液，溴虫腈（虫螨腈、除尽）10% 悬浮剂 2 000 ~ 2 500 倍液	
8 ~ 12 月	下茬生产	同上		

凌源市日光温室郁金香栽培管理作业历

时间	生育时期	管理内容	技术要点	注意事项
11 月中上旬	定植期	1. 整地 2. 种球处理 3. 种植	整地： 1. 清除病残体，把上一茬农作物的病残体清除出去，集中烧毁； 2. 土壤改良，施用腐熟发酵好的牛粪 5 立方米/亩； 3. 土壤消毒，用恶甲合剂（博雅土静）+杀虫剂消毒	
			种球处理： 1. 种植前可先剥除球茎外层的干鳞片，并在去外皮时剔除带病球茎，保证切花植株的健壮生长。 2. 种球消毒，用甲基托布津 80% 可湿性粉剂 1 000倍液和除螨特 30% 乳油 1 000倍液进行种球消毒	温室种植，一般选用 5℃郁金香球； 消毒液最长只能用半天；消毒种球须完全浸泡在消毒液中；消毒浸泡时间为 20 分钟；消毒后的种球应沥干水分后种植；当天消毒的种球当天种植
			种植： 1. 定植日期根据品种症状和供花日期，在预期切花采收前 50 ~ 60 天进行。 2. 密度：亩种植 60 000 ~ 80 000粒。 3. 深度：以球顶部微露为好	以春节采花为目的，定植时间为 11 月中上旬
11 月中下旬	生根期	1. 温湿度调控 2. 施肥浇水 3. 病虫害防治	1. 温度，定植后的前两周为生根阶段，土壤温度保持 9 ~ 12℃，超过 12℃会引起盲花，降低开花率。 2. 湿度，温室内的相对湿度控制在 80% 以下	可通过重遮阴和浇冷水来降温
			定植前浇 1 次水，以保证定植期间土壤湿润。定植后浇 1 次水，使种球同土壤充分接触，以利于生根	浇水后，要注意通风，湿度不能过大，以免引起灰霉病
			种球生根后用百菌清或甲基托布津预防病害发生	

（续表）

时　间	生育时期	管理内容	技术要点	注意事项
12 月	生长期	1. 温湿度调控 2. 肥水管理 3. 病虫害防治	1. 温度，生长适温 15～18℃，白天不超过 25℃，夜间 14℃以上 2. 湿度，温室内的相对湿度控制在 80% 以下	
			1. 植株生长到 2 片叶后，可视土壤湿度状况浇 1 次水，并施用 1 次氮肥，如硝酸钙 12～15 千克/亩。 2. 现蕾期需要大量的营养，当花蕾形成后可结合浇水追施 1 次硝酸钾。 3. 现蕾后至采花前一星期，每 7～10 天喷 1 次 0.2%～0.3% “春泉 883”（江苏产的叶面肥，可增加叶片光合作用）与磷酸二氢钾混合营养溶液	因郁金香对钾、钙较为敏感，适当使用钾、钙肥，可提高花茎的硬度
			1. 当郁金香刚开始发叶后，进行田间除草，并及时检出病株，拔出销毁。 2. 当郁金香植株长到 5～10 厘米，需将未出苗的种球植株逐个挖出检查。 3. 子叶展开后至开花以前，用百菌清或甲基托布津预防病害发生。 4. 主要防治病害是病毒病、球根腐败病和锈螨等。 5. 郁金香还易发生缺钙、缺硼的生理性病害	
1 月中下旬	采收期	1. 采收时间 2. 采收标准	采收时间：郁金香花朵发育到半透明，即花颜色完全形成时为最佳采收时期。采收时间一般选择在早晨 7～8 时或傍晚 17 时左右进行。开花期间，待花朵晚上闭合后再采收。采收时带球一起拔出即带球收获，并保留基部 2～3 片叶。带球收获可减少土壤病害传播；花株贮藏时间延长；若高度不够时，可利用茎中的 2～3 厘米凑够高度。郁金香切花高度一般为 45～70 厘米	如遇花价不好，可进行保鲜处理，延期上市，但是处理后的鲜花，保存最多不超过 3 天。将捆束好的郁金香切花花卉应放在1～5℃的冷水中 30～60 分钟，之后可贮存在 1～5℃相对湿度 90% 的冷库中，而且此时花苞就不能存有水滴，否则，水滴中的灰霉菌有可能会萌发，并在花叶上产生“灼伤”的斑点
			采收标准： 1. 花苞充分显色，花朵闭合前进行。 2. 整株收获后切除鳞茎部分进入市场销售	

凌源市日光温室唐菖蒲栽培管理作业历

时 间	生育时期	管理内容	技术要点	注意事项
2月	播种期	1. 整地 2. 种子处理 3. 种植 4. 温度控制 5. 肥水管理	1. 施农家肥10立方米/亩。 2. 底肥施三元复合肥（15－15－15）30～40千克/亩	
			籽球用多菌灵50%可湿性粉剂或代森锰锌80%可湿性粉剂＋恶霉灵15%可湿性粉剂500倍液浸泡20分钟。 甲基托布津80%可湿性粉剂800倍液或多菌灵80%可湿性粉剂1 000倍液、克菌丹80%可湿性粉剂1 500倍液混合浸泡30分钟。或用80倍液福尔马林进行处理	
			沟深8～10厘米，行距25厘米，株距12厘米，23 000～25 000株/亩	
			这一时期温度需要控制在15～25℃，温度达到25℃时放风	
			种植后立即浇透水	
3月	生长期	1. 中耕 2. 备垄 3. 温度控制 4. 肥水管理 5. 光照	温度控制在20～30℃	3～7叶期温度不高于20℃
			视土壤墒情浇水，硫酸铵25千克/亩或尿素15千克/亩（随水施肥）	
			每天必须保持8小时以上光照，若遇连阴天需补光	
4月	生长期	1. 温度控制 2. 肥水管理 3. 病虫害防治	温度在20～32℃	温度不宜过高，超过32℃时注意放风降温，防止烤尖
			视土壤墒情浇水，硫酸铵40千克/亩（随水施肥）。每半月随水施1次硝酸钙，共3次	

（续表）

时　间	生育时期	管理内容	技术要点	注意事项
4 月	生长期	1. 温度控制 2. 肥水管理 3. 病虫害防治	植株 5 片叶开始防治蓟马，用阿维·吡虫啉 3.15% 乳油 2 000～3 000倍喷雾，每 10 天 1 次。 灰霉病防治：种球贮存期要保持干燥和良好的通风，种球种植前要进行消毒，合理密植，忌 3 年内连作。彻底清除病株，病球。 茎腐病防治：空气流通，排水良好，及时清除病株，适期喷代森锰锌 80% 可湿性粉剂 600 倍液等药剂防治。 锈病防治：合理密植，发病初期每隔 7～10 天喷粉锈宁 15% 可湿性粉剂 1 000倍液，2～3 次	
5 月	采收期	1. 温度控制 2. 肥水管理 3. 病虫害防治 4. 采收标准	温度在 20～32℃	
			1. 浇水，硫酸铵 50 千克/亩，每 10 天冲施 1 次。 2. 采收前每 5 天浇水施肥 1 次	
			甲维盐氯氰，40～60 毫升/亩，喷雾，每 7～10 天喷 1 次。 用阿维·吡虫啉 3.15% 乳油防治蓟马，2 000～3 000 倍液喷雾，每 10 天 1 次	
			这时期植株较高，可用绳子按垄架花，防止倒伏	
			切花的切取，当花序基部有 1～2 朵花初开始，便可切下，宜在傍晚进行	

朝阳县日光温室甜瓜一年三茬周年生产栽培管理作业历

时　间	生育时期	管理内容	技术要点	注意事项
9月中旬	育苗前准备	1. 砧木选择 2. 接穗选择	砧木选用白籽南瓜，每亩1.25千克左右。 接穗品种选用翠宝、棚室一号、糖妃、万金糖王、永甜、金冠、花姑娘、花蜜等。每亩用种量80～100克	
9月下旬至10月下旬	育苗期	1. 种子处理 2. 配制营养土 3. 做苗床 4. 育苗	1. 晒种：播种前2～3天，将种子放在阳光下晒1～2天。 2. 温汤浸种：砧木用20℃温水浸泡20分钟后，再放入55℃热水浸种15分钟，捞出后用30℃温水泡8～10小时，浸后放至28～30℃地方催芽，一般3天左右即可出芽。接穗种子用20℃温水浸泡15分钟，捞出放入53～55℃热水浸种15分钟，再用30℃温水浸泡4～5小时，捞出控干，放在26～30℃地方进行催芽，25小时左右即可出芽，再放入15℃条件下炼芽。 3. 营养土用未种过瓜类作物的园田土6份，腐熟农家肥4份，加入生根剂或好伴侣，混合均匀过筛。 4. 育苗床选在温室中段，中柱前。挖东西长（长度视种子数量而定）、南北宽1米、深15厘米的深畦，铲平后，铺10厘米厚营养土，刮平浇透水，水渗后播种。 5. 靠接法播种：提前6～7天播接穗（甜瓜）种子，在作好的畦上，浇透水，按3厘米×3厘米距离摆放发芽种子，上面覆1厘米厚营养土，覆土后用平板轻刮平，稍用力按压覆土。砧木播种按3厘米×3厘米株行距摆放发芽种子，上覆营养土1.5～2厘米。覆后弄平，稍按压并浇透水。播种后将温度控制在28～30℃，夜间20～23℃、4～5天即可出苗。出齐苗后，棚内白天温度降至22～23℃、夜温控制在15℃左右、地温15℃左右即可。 　　插接法提前3～4天播砧木南瓜种子，待砧木子叶要展平时再播接穗甜瓜种子。最好采用工厂化基质育苗，砧木用50穴苗盘，每穴一粒种子，接穗用平底盘，盘内放2厘米厚基质，把出芽种子平放基质上，每盘播200克种子，上面覆1厘米厚基质，覆土后浇透水。注意水分管理，保持湿润，出苗后，防止苗徒长或老化苗，影响嫁接成活率。苗期用精甲霜·锰锌（金雷）或甲霜恶霉灵防治苗期猝倒病	1. 晒种不能放在水泥地面或铁板等高吸热地方。 2. 种子在浸种过程中严格控制水温。 3. 种子在催芽过程中用20℃温水投洗2～3次。 4. 种子出芽标准以拧嘴露白为宜，不宜过长。 5. 育苗苗床注意杀菌消毒，杀菌剂用恶霉灵，杀虫用阿维菌素等药剂。 6. 在育苗期注意增补肥，用0.3%磷酸二氢钾或育苗专用沃地宝，保证根系发达。 7. 防止徒长苗，遇高温造成苗徒长，用小胖墩或助壮素控制

（续表）

时　间	生育时期	管理内容	技术要点	注意事项
9月下旬至10月下旬	育苗期	1. 种子处理 2. 配制营养土 3. 做苗床 4. 育苗	6. 嫁接： 靠接法嫁接：接穗12～15天长到一叶一心，苗高8～10厘米为靠接适期。先将砧木的生长点和真叶去掉，再用刀片在砧木幼茎距生长点0.5～1厘米处，由上向下斜切一刀，角度35°～40°，刀口长0.7厘米，深度为茎粗的一半。再将接穗苗距生长点1～1.2厘米处，由下向上斜切一刀，刀口长0.7厘米，角度30°左右，深度为茎粗的一半，将接穗斜面插入砧木切口内，二者子叶呈十字形，用嫁接夹固定后定植在营养钵中。 插接法嫁接：先播南瓜种子，南瓜子叶展平后，再播接穗，砧木第一片真叶长到1～1.2厘米时，接穗子叶刚展平，为嫁接适期。最好两人一组，一人用与接穗茎等粗的牙签（或钢丝做的锥子）在砧木子叶叶柄向生长点下方顺茎斜插0.5厘米深。不要插破子叶柄表面。另一人将接穗拔下，用左手大拇指、食指夹住茎上部，中指和无名指夹住茎下部，右手拿刀片在子叶下0.8～1.0厘米处斜切下，切口长与砧木插口长度相等，插孔的人接过接穗，抽出牙签（钢锥），将接穗切口插入孔内，压在砧木上，二者子叶呈十字形。 7. 嫁接后管理： （1）嫁接后立即放入提前做好的小拱内避光。前3～4天，白天温度保持28～30℃，夜间20℃左右，室内相对湿度保持95%以上。 （2）从第4天开始，白天保持23～25℃，夜间16～18℃，采用早晨晚上见弱光、中午避光管理，逐渐通风，相对湿度降到80%左右，嫁接后8～10天缓苗，逐渐揭去拱棚和遮光物。 （3）缓苗后白天保持25℃左右，夜间15℃左右，定植前7天，白天温度降到20～21℃，夜间降到10～12℃，进行低温炼苗。 （4）靠接嫁接苗在15天后将接穗根剪断，定植前嫁接苗标准，株高15～18厘米，叶片浓绿，茎秆粗壮，根系发达，根抱满坨，无病虫害	

（续表）

时　间	生育时期	管理内容	技术要点	注意事项
11 月上旬至翌年 2 月上旬	定植期	1. 定植前准备 2. 定植 3. 定植后及开花期管理 4. 二茬瓜育苗	1. 定植前准备二作： （1）施肥整地，准备优质腐熟农肥 10 ~ 15 立方米，三元复合肥 35 千克。 （2）应用秸秆反应堆技术，在作垄前几天左右做好。 （3）扣膜预温，定植前 7 天扣膜，扣膜后室内用硫黄熏蒸，如果不搞秸秆反应堆的，结合翻地亩施生石灰 100 ~ 150 千克，随水亩施硫酸铜 4 千克，可杀死土壤中病菌。 （4）作垄，做成宽 70 厘米，高 20 厘米大垄，两垄之间 50 厘米沟，垄上铺滴灌管，上面覆地膜。 2. 定植。在大垄上定植两行，大行距 80 厘米，小行距 40 厘米，在膜上打孔，双蔓栽培亩定植 2 500 株左右，单蔓栽培亩定植株数 3 800 ~ 4 200株。定植后浇一次缓苗水，这次一定要浇透。定植后温度提高至 30 ~ 32℃促进缓苗，7 天苗完全成活。7 天后将温度降到 28℃，夜间保证 10 ~ 15℃。 3. 定植后管理。加强温室光照和保温管理，甜瓜属喜光、喜温作物，开花到瓜膨大期也是全年温度最低时期，加强温室保温增温对甜瓜生长至关重要。 （1）增温法：经常擦拭棚膜，选晴天中午，用拖布上下拉动擦膜，在 1 月上旬至 1 月末最冷时增设火炉，百米棚放 2 个火炉，在凌晨 2 ~ 5 时升火增温，室内后墙挂反光幕，增加光照强度。 （2）保温法：后墙、山墙培秸秆或培土；增加后坡和采光面防寒被，防室内热量扩散；堵缝隙，门口加挂厚门帘，防止室内热量贯流。 4. 植株调整： （1）双蔓整枝。苗出 3 ~ 4 片真叶时掐尖，长出侧枝后留 2 条壮枝，作结果枝，其余打去。 （2）单蔓整枝。及时打去侧枝，采取一次性掐尖，而主蔓二次掐尖适于旺苗，在第 13 片叶左右掐尖，在顶部第一或第二叶腋长出侧芽作为龙头，留一主蔓，其余叶掐去，一定掌握在子蔓见瓜胎进行，瓜胎过大掐尖影响一次侧枝生长	1. 秸秆反应堆 （1）铺秸秆后必须踩实，否则秸秆腐烂后地下沉，吊蔓过紧易拔出苗。 （2）打孔一定打在垄两侧，千万不能打垄顶上，打垄顶上，浇水，冲肥渗到秸秆下。 （3）秸秆上覆土厚度超 20 厘米，否则易烧苗。 2. 所用农肥必须充分腐熟，杀死病菌和虫卵，防止烧苗。 3. 喷花时，时间掌握在上午 10 点前，下午 15 点后，防止高温引起裂瓜和苦瓜，严格掌握药液浓度，最好随用随配。 4. 疏瓜在没徒长现象时进行，防止疏瓜后徒长，导致化瓜。 5. 连续阴雪天，突然变晴，一定揭花帘，陆续见光，防止强光闪秧子。 6. 烟剂蒸，烟雾不宜过大，否则造成烟害

（续表）

时　间	生育时期	管理内容	技术要点	注意事项
11 月上旬至翌年 2 月上旬	定植期	1. 定植前准备 2. 定植 3. 定植后及开花期管理 4. 二茬瓜育苗	（3）留瓜。在 8 ~ 13 片叶腋子蔓留瓜，每株留 5 ~ 6 个瓜，幼瓜后留一片叶掐尖，最后瓜以上留 10 片叶掐尖，长出侧蔓留一叶掐尖。 5. 开花期，用科力果宝对水（参照说明书），在第一个瓜胎开花前一天，用小喷雾器从瓜胎顶部连瓜和花定向喷雾，一般一次性处理 2 ~ 3 个瓜胎，一次处理多个，坐瓜整齐，个头均匀，防止重复处理而出现裂瓜、苦瓜、畸形瓜现象。配药液加适乐时，防早期灰霉病，防止出现偏脸瓜，可将瓜胎垂直没入配好的药液中，深度是瓜胎的 2/3。 6. 疏瓜。当瓜胎长到核桃大小时进行，疏去畸形瓜、裂瓜、过小幼瓜，保证大小一致，瓜形整齐均匀，一般留 4 个瓜，留瓜尽量集中留，便于管理，集中采收。 7. 及时防治病害，白粉病、缘枯病、灰霉病、疫病。 8. 膨瓜期管理： （1）温度。白天保持 26 ~ 32℃，夜间不低于 13℃，有利于膨瓜和后期糖分积累。 （2）光照。经常擦拭棚膜加强棚膜透光率，适当早揭晚盖帘，掌握揭帘不降温，晚盖帘不上升，保证光照时间。 （3）水分。应适当浇小水，天冷不易浇大水，最好浇蓄水池水。 （4）施肥。膨瓜期是甜瓜需肥高峰期，亩施高钾型瑞力宝或以色列海法钾宝 8 ~ 10 千克，或黄腐酸钾 10 千克，随水冲施滴灌施入。 （5）防治病虫害。虫害主要有蓟马、潜叶蝇。病害主要有灰霉病、白粉病、霜霉病、缘枯病、根腐病、灰霉病等	
2 月上旬	二茬瓜育苗		1 月上中旬，二茬瓜开始育苗，育苗方法同第一茬相同	
2 月中旬至 3 月中旬	一茬瓜采收 二茬瓜苗期管理	1. 适时采收 2. 苗期防治病害，促进壮苗	1. 提高光照，尽量早揭帘晚放帘，擦拭棚膜增加光照。 2. 采收前 7 天不浇水，否则影响瓜的甜度。 3. 适时采收，以九分熟为适期，色泽好、口感好、瓜味浓、用手弹有清脆声、瓜蒂由白变黄、瓜蒂手掰脱落、手掂比未熟发轻，此时是瓜采收最佳时期，商品价值高。如果远销可 7 成熟采收。 4. 加强二茬苗保温管理，做好防寒工作，防治猝倒病、立枯病，保证壮苗、无病	

（续表）

时　间	生育时期	管理内容	技术要点	注意事项
3 月中旬至下旬	二茬瓜定植期	1. 定植前苗期管理 2. 翻地 3. 室内消毒 4. 作垄、施肥 5. 定植	1. 上茬收获后，立即拉秧，翻地。翻地前必须将前残膜清除，结合翻地，亩施生石灰 100～150 千克、硫酸铜 4～5 千克均匀撒施地面后深翻，可杀灭土壤中病菌，翻后将地整平。 2. 用硫黄粉 3～4 千克，加敌敌畏 100 克，每隔 10 米放一堆，加锯沫 250 克，傍晚，自里向外点燃退出，封闭放风口、门口熏 24 小时，有效杀死室内、墙面、膜、棚架等的病菌。 3. 作垄时做成与前茬相同的大垄，结合作垄亩施腐熟农肥 15 立方米、磷酸二铵 40 千克、硫酸钾 30 千克、硼砂 2 千克作基肥一次性施入，与土拌匀做垄。 4. 定植前 7 天，苗床温度降至 21～22℃进行炼苗，定植前苗龄 60 天左右。3 月中上旬，定植 5 天前扣棚膜预温，在作好的垄上定植，一般采用单蔓整枝方式，亩定植株数 3 400～3 500株。定植方法同上茬。如果时间来不急，也可在原垄上直接定植	1. 第一茬后期管理和采收管理同二茬育苗交替进行，为了赶市场，时间环节不能放松，要连续进行。 2. 由于连作，不能忽视土壤和棚内消毒。 3. 结合翻地施生石灰和硫酸铜与土壤水生成波尔多液，起到杀菌作用。 4. 施肥后，肥与土壤一定要搅拌，防止烧苗
4 月上旬至 6 月上旬	二茬瓜定植后管理期	1. 苗期管理 2. 结果期管理 3. 膨果期管理	1. 定植后，提高室内温度到 30～32℃，缓苗后 5 天，温度降至 24～25℃，7 天后再将温度升至 28～30℃，3 月中上旬定植到开花前仍以保温为主。 2. 二茬瓜往往底肥不足，在膨瓜初期（瓜长到鸡蛋大小时）随水增施优质肥，亩施黄腐酸钾 15 千克，或平均型瑞力宝 10 千克。10～15 天以后（膨瓜中期），随水亩施高钾型瑞力宝或以色列海法钾宝 8～10 千克。 3. 防治白粉病、枯萎病、疫病、班潜蝇、蓟马等（方法参照后面方法）。 4. 植株调整。（1）及时吊蔓，20～25 厘米吊蔓。（2）采取单蔓整枝，及时打去侧枝。在第 10～11 片叶开始留第一个瓜，每株留 4～5 个瓜，最上一个瓜后留 10 片叶打尖，上部长出侧蔓留 2 个。 5. 蘸瓜方法同一茬瓜，但注意浓度不宜太高，否则易裂瓜	1. 严格掌握蘸花浓度。 2. 二茬瓜采用重新育苗，秧苗整齐，坐瓜均匀，比留蔓再生栽培要优越得多

（续表）

时　间	生育时期	管理内容	技术要点	注意事项
6月中旬至 7月上旬	二茬瓜 采收期	采收前管理	1. 瓜长到应有大小时，达到成熟标准，采收7天前停止浇水，有利防止裂瓜，增加瓜的甜度。瓜成熟即可采收，远销可7～8成熟采收。 2. 做好第三茬瓜育苗准备	
6月上旬至 7月中上旬	三茬瓜定植、育苗期	1. 育苗及育苗期管理 2. 三茬瓜定植前准备 3. 定植	1. 三茬瓜育苗及苗期管理同上。 2. 三茬瓜整地、施肥、作垄。 3. 三茬瓜定植方法同上	
7月下旬至 9月中旬	三茬瓜定植后管理	1. 水肥温度管理 2. 植株调整 3. 防治病虫害	定植后管理同上。 （1）苗期管理；（2）开花至坐果期管理；（3）植株调节；（4）蘸花；（5）防治病虫害	此时正是高温时节，是甜瓜生长旺期，注意防秧徒长，造成营养生长和生殖生长失衡，适当用药剂控秧
9月下旬至 10月上旬	三茬瓜 采收期	水分管理 及时采收	采收（方法同上）	
	全生育期病虫害防治		1. 病害防治： 灰霉病：甲基嘧霉胺（施佳乐）40%悬浮剂、咯菌腈（适乐时）25%悬浮剂喷雾。 缘枯病：嘧菌酯（阿米西达）25%悬浮剂、代森锰锌（大生）80%可湿性粉剂、苯醚甲环唑（世高）10%水分散粉剂喷雾。 白粉病：10%苯醚甲环唑（世高）水分散粉剂。 根腐病：可杀得77%可湿性粉剂、苯醚甲环唑（世高）60%水分散粉剂。 炭疽病：使百克25%乳油、炭疽福美80%可湿性粉剂、69%可湿性粉剂水分散粉剂喷雾。 霜霉病：嘧菌酯（阿米西达）25%悬浮剂、68%精甲霜·锰锌水分散粉剂、霜脲锰锌（克抗灵）72%可湿性粉剂、烯酰吗啉（安克）69%可湿性粉剂喷雾。 细菌性角斑病：细菌灵或可杀得77%可湿性粉剂喷雾	1. 严禁使用国家规定剧毒农药。 2. 采收前10天禁止用药。 3. 甜瓜对农药敏感，使用新药前一定做试验。 4. 严格控制浓度

（续表）

时　间	生育时期	管理内容	技术要点	注意事项
	全生育期病虫害防治		2. 虫害防治： 白粉虱：阿可泰25%水分散粉剂、吡虫啉10%可湿性粉剂、阿维菌素1.8%乳油。 蚜虫：啶虫脒20%乳油。 茶黄螨：哒螨灵15%乳油、阿维菌素1.8%乳油防治。 寒害：驱湿保温用康凯3.4%可湿性粉剂、0.3%磷酸二氢钾+红糖500倍液喷雾或碧护液喷叶面	

建平县葡萄早熟栽培周年管理作业历

时间	生育时期	管理内容	技术要点	注意事项
9月下旬至11月中旬	休眠期	引导休眠	从9月中下旬开始尽量降低棚温，引导树体进入休眠状态	生长旺盛品种与枝条成熟度差的可适当延后些。避免低温冻害
		降温休眠	开始落叶后，促使树体休眠，根据气温，白天放下帘子；夜间打开帘子与通风口降温；8℃以上均可	
		冬季修剪	根据品种特性进行冬季修剪	根据栽培模式及棚架管理方式不同进行修剪；注意长短梢相结合
		灌封冻水	封冻前清园后浇大水1次，以利葡萄过冬需求	增加土壤热容量，平衡地上、地下生长
11月下旬或12月上旬	催芽期	清棚破眠	1. 清扫棚内落叶，以及葡萄树上老皮翘皮。 2. 扣棚、铺二套棚、加小拱棚升温催芽。 3. 单氰胺50%水溶液25～30倍液（全抹）或用石灰氮6～8倍液（可升温前10～15天）涂芽	要根据品种和需冷量确定升温时间，不可盲目提早升温以免发生休眠障碍。 1. 石灰氮在溶解时须用50℃以上的温水浸泡5～8小时，严禁使用金属容器。 2. 使用前后各一天内，工作人员严禁饮酒，以防中毒。 3. 严禁在地面上铺盖地膜，保持棚内湿度。 4. 石硫合剂在湿度大的环境内无杀菌效果并污染棚膜
		病虫害防治	用熏烟1号熏棚；用3～5波美度石硫合剂喷棚架、树体、地面、墙体等，不留死角	
		温湿度控制	1. 升温采取分段升温方式，先打开帘子1/3，5天后打开2/3，再过5天后全打开，在地温达到7～10℃后，再进一步提高棚温，白天20～25℃，夜间10～15℃。 2. 棚内温度达5～20℃时开始使用破眠剂，使用后必须浇1次透水，保持棚内湿度在90%以上，土壤湿度在80%左右	

（续表）

时间	生育时期	管理内容	技术要点	注意事项
12 月中旬至翌年 1 月上旬	萌芽期	病虫害防治	灰霉病：嘧霉胺 40% 悬浮剂 1 000倍或烯啶菌胺 50% 可湿性粉剂 2 000 倍液。 穗轴褐枯病：福美双 80% 可湿性粉剂 600 倍液 + 波尔多液 80% 可湿性水剂 1 000 倍液。 绿盲蝽：三氯氟氰菊酯 2. 5% 乳油 3 000 倍液。 蓟马：吡虫啉 20% 乳油 2 000 倍液或 1. 8% 阿维菌素乳油 3 000倍液。 粉蚧：吡虫啉 20% 乳油 2 000 倍液	1. 萌芽后及时解除小拱棚，防止烤芽。 2. 土壤盐碱地和有根腐病的，土壤调节剂 75 ~ 100 千克。 3. 空气湿度 90% 左右，土壤湿度 70% ~ 80% 左右。 4. 茸毛至吐绿期清园，防治病虫害，喷药时注意葡萄架及地面全部喷到，不留死角
		水肥管理	萌芽前 10 ~ 15 天使用催芽肥，追施尿素 15 ~ 20 千克/亩（穴施覆土）	
		温湿度控制	萌芽后棚内湿度保持在 70% ~ 80%，温度在 20 ~ 25℃，最高不超过 27℃，夜温在 10℃以上，最低不得低于 8℃	
1 月中旬至 2 月中旬	新梢生长期	树势管理	1. 当葡萄芽长到 5 ~ 6 厘米时，抹去双芽、弱芽、位置不当的芽。 2. 当新梢长到 15 ~ 20 厘米定梢，去弱、留中庸芽，新梢长到见花序后定梢，两年以上树龄的半米以下不留梢	1. 葡萄定梢后全园铺地膜防灰霉病和穗轴褐枯病。 2. 连阴天易发生灰霉病，用特锐菌剂（生物菌剂）2 000 倍液效果显著（不可与杀菌剂同期使用）
		病虫害防治	灰霉病：嘧霉胺 40% 悬浮剂 1 000 倍液或烯啶菌胺 50% 可湿性粉剂 2 000倍液。 穗轴褐枯病：福美双 80% 可湿性水剂 1 500 倍液	
		水肥管理	新梢 4 叶以后每 10 ~ 15 天喷氨基酸类叶面肥 600 倍液或腐殖酸有机液肥 600 倍液	
		温湿度控制	1. 温度白天 20 ~ 25℃，最高 28℃，夜温 10 ~ 15℃。 2. 空气湿度 60% ~ 70%，土壤湿度 70% ~ 80%	

（续表）

时间	生育时期	管理内容	技术要点	注意事项
2月下旬至3月初	花前管理	树势管理	1. 新梢40～50厘米以上时，开始绑蔓，15～20厘米留一个新梢，在花前10～15天进行摘心，大叶品种每结果枝留3～5片叶进行摘心，小叶品种留4～5片进行摘心。除顶端副梢外，其他副梢全部去除。待顶端副梢长出后留3～5片叶后反复摘心。 2. 花穗修整：一枝一穗，去除多余果穗，去掉副穗和1/5～1/4的穗尖	此期间注意通风，控制好温湿度
		病虫害防治	1. 花前2～3天注意灰霉病，穗轴褐枯病，用嘧霉胺40%可湿性水剂1 000倍液+福美双80%可湿性水剂1 500倍液。 2. 预防黑痘病：花前喷施甲基托布津80%可湿性水剂1 000倍液	
		水肥管理	花前7～10天喷施硼砂0.2%～0.5%和硫酸锌0.2%～0.3%1次，防大小粒。花前7～10天浇1次大水	
		温湿度控制	空气湿度60%左右，土壤湿度70%左右	
3月中旬至下旬	花期管理	温湿度控制	湿度50%～60%，温度控制在白天25～27℃，夜间16～18℃，最高不超30℃，超过33℃花粉败育，坐不住果；最低不低15℃，低于14℃形成僵果，影响果实发育，出现大小粒。花期10～15天不浇水或控制浇水	花期温湿度管理是关键，既要防止白天高温，又要防止夜间低温的出现，空气湿度控制在50%～60%
4月	幼果期膨大期	树势管理	根据果穗大小疏果，去除过密、幼小、畸形果	温度管理决定葡萄成熟的早晚
		病虫害防治	灰霉病：谢花后2～3天，嘧菌酯25%可湿性水剂2 000倍液+噻呋酰胺240克/升悬浮剂。 绿盲蝽：三氯氟氰菊酯2.5%乳油3 000倍液。 白粉病：腈菌唑20%乳油2 000倍液	
		水肥管理	花后补钙2～3次，最好施用硝酸钙。追施高氮高钾复合肥或N：P：K≈20：10：24的复混肥或掺混肥35千克/亩、生物有机肥100千克/亩，并及时浇水	
		温湿度控制	白天温度28～30℃，夜温20～23℃，最低不低于20℃。湿度70%～80%。土壤湿度70%～80%	

（续表）

时间	生育时期	管理内容	技术要点	注意事项
5 月	着色期 采收期	病虫害防治	白腐病：波尔多液 80% 可湿性水剂 1 000 倍液。 炭疽病：炭疽福美 80% 可湿性粉剂 800 倍液	控制灌水次数和水量
		水肥管理	1. 叶面喷 0.3% 磷酸二氢钾 2～3 次，7～10 天 1 次。 2. 补钙 1～2 次防裂果	
		温湿度控制	白天温度 28～30℃，夜间 15℃。	
6～7 月	采收后期	树势管理	6 月中旬采果后，应及时修剪，树势好，平茬修剪也应在这个时间进行。	1. 结合喷药喷施硼肥和钾肥促进花芽分化。 2. 控新梢旺长，促花芽分化。 3. 控制灌水次数和水量，使土壤适度干旱。 4. 喷施波尔多液
		病虫害防治	霜霉病：霜脲氰 60% 粉剂 1 500 倍液喷雾或抑快净 52.5% 粉剂 1 500～2 000倍液。 白粉病：戊唑醇 43% 可湿性水剂 3 000 倍液或硅唑·咪鲜胺 20% 可湿性水剂 1 500～2 000 倍液。 褐斑病：氟硅唑 40% 乳油粉剂 1 500 倍液或丙环唑 20% 乳油 2 500 倍液。 绿盲蝽：氟虫腈 5% 乳油 1 500 倍液。 蓟马：啶虫脒 20% 乳油 2 000 倍液。 粉蚧：灭蚧 45% 乳油或蚧杀手 20% 乳油 1 000 倍液。 红蜘蛛：哒螨灵 20% 乳油 1 500 倍液或克螨特 73% 乳油 1 500 倍液。 蛀杆害虫：三氯氟氰菊酯 2.5% 乳油 3 000 倍液	
		水肥管理	采收后 5 天内追施高氮复合肥 15 千克/亩	
8～9 月	后期管理	水肥管理	亩施充分腐熟粪肥 7～8 立方米、有机生物菌肥 100 千克，过磷酸钙 50 千克或 N：P：K≈20：10：24 的复混肥或掺混肥 35 千克、锌肥 1～2 千克、硼肥 1 千克	叶面喷施 0.3% 磷酸二氢钾 +1 000倍液保倍硼促花，7～10 天 1 次，直到落叶前 10 天。切忌施用生粪，尤其不能施用生鸡粪
		病虫害防治	控制棚内温度与湿度，可用波尔液、多菌灵与百菌清等防病 10～15 天 1 次	喷药时间在上午 10 点前，下午 16 点后

注：生长期（1～4 月）病害预防：15 天喷 1 次波尔多液 80% 可湿性水剂 1 000倍液或用嘧霉胺烟剂熏蒸 1 次。成熟期（5～7 月）病害预防：7～10 天喷 1 次多菌灵 80% 可湿性水剂 1 000倍液 + 代森锰锌 80% 可湿性水剂 1 000倍液，也可用百菌清烟熏剂

建平县日光温室草莓周年生产栽培管理作业历

时　间	生育时期	管理内容	技术要点（以9月中旬定植茬口为例）	注意事项
3月	育苗前准备	母株选择	使用脱毒种苗。选择品种纯正、健壮、无病虫害的植株为繁殖生产用苗的母株	植株栽植的合理深度是苗心茎部与地面平齐，做到深不埋心，浅不露根
		定植时间	春季日平均气温达到10℃以上时定植母株	
4月	苗木繁育	苗床准备	施腐熟有机肥5 000千克/亩，耕匀耙细后做成宽1.2～1.5米的平畦或高畦	
		定植方式	将母株单行定植在畦中间，株距50～80厘米	
		浇水	定植后及时铺好滴灌带浇透水，一周内要勤浇水。以后要保持土壤湿润	
5月至6月中旬	苗期管理	防治蚜虫	多杀霉素2.5%悬浮液1 000～1 500倍液	以后按此浓度防治
		浇水追肥	要保证充足的水分供应，保证湿而不涝，随水冲施尿素5千克/亩，磷酸二氢钾10千克/亩	以后水肥管理按此进行
		喷施赤霉素	母株成活后长出2～3片新叶后喷施国光赤霉酸（GA3），浓度为50毫克/升	浓度配比要准确
		植株管理	匍匐茎发生后将匍匐茎在母株四周均匀分布，并在生长新苗的结位上培土压蔓，促进子苗生根。整个生长期要及时人工除草，见到花序立即摘除	
6月下旬至7月中旬	苗木管理	假植技术	苗床宽1.2米，施腐熟有机肥3 000千克/亩，并加入一定比例的有机物料。选择具有3片展开叶的匍匐茎苗进行栽植，株行距15厘米×15厘米	壮苗标准：具有四片以上展开叶，根茎粗度1.2厘米以上，根系发达，苗重20克以上，顶花芽分化完成，无病虫害
		假植苗管理	假植苗管理，适当遮阴。栽后立即浇透水，并在3天内每天喷2次水，以后见干浇水以保持土壤湿润。栽植10天后叶面喷施1次0.2%尿素，每隔10天喷施1次0.2%磷酸二氢钾	
		非假植苗管理	保证充足水分，及时追肥。随水冲施尿素5千克/亩，磷酸二氢钾10千克/亩	
		防治蚜虫红蜘蛛	苦参碱0.36%水剂400倍液或多杀霉素2.5%悬浮液1 000～1 500倍液	
		白粉病	醚菌酯5%悬浮剂3 000倍液	

（续表）

时　间	生育时期	管理内容	技术要点（以9月中旬定植茬口为例）	注意事项
7月下旬至8月下旬	露地苗木管理	追肥	随水冲施尿素5千克/亩，磷酸二氢钾10千克/亩	8月中旬后不追施氮肥
		防治蚜虫	多杀霉素2.5%悬浮液1 000～1 500倍液喷雾	
		防治红蜘蛛、螨虫	苦参碱0.36%水剂400倍液或阿维菌素10%乳油2 000倍液喷雾	
		防治蛇眼病	甲基托布津80%可湿性粉剂600倍液喷雾	
		整枝	及时摘除枯叶、病叶	
		温室内太阳热消毒	采用太阳热消毒方式。具体的操作方法：将基肥中农家肥施入土壤，深翻、灌透水、土壤表面覆盖地膜或旧棚膜。为了提高消毒效果，建议棚室土壤消毒在覆盖地膜或旧棚膜的同时扣棚膜，密封棚室。高温闷棚40天以上	时间至少为40天
		促进花芽分化	8月中下旬进行断根处理。可进行移栽或用小铲切断苗木根系	断根后及时浇水
9月	棚内定植	假植苗定植	顶花芽分化后定植，通常是在9月20日前后定植	
		非假植苗定植	棚室栽培在8月下旬至9月初定植	
		粪肥准备整地	施农家肥5 000千克/亩或酵素菌肥500千克/亩及氮磷钾复合肥50千克/亩，氮磷钾的比例以15：15：10为宜。均匀撒施后旋耕	
		起垄做畦	采用大垄双行的栽植方式，一般垄台高30～40厘米，上宽50～60厘米，下宽70～80厘米，垄沟宽20厘米	
		定植密度	株距13～15厘米，小行距25～35厘米。棚室栽培每667平方米定植8 000～10 000株	
		苗木整理	苗木去掉老叶，留3～4片叶子	

（续表）

时　间	生育时期	管理内容	技术要点（以9月中旬定植茬口为例）	注意事项
9月	棚内定植	栽植技术	草莓苗弓背向外，栽植深度做到深不埋心、浅不露根	
		浇水	定植后及时铺好滴灌带，浇透水，一周内要勤浇水。以后要保持土壤湿润，做到“湿而不涝，干而不旱”	
		防病虫害	白粉病：醚菌酯5%悬浮剂3 000倍液喷雾防治	
			阻隔防蚜，在棚室防风口处设防止蚜虫进入的防虫网	
		温度管理	白天26～28℃，夜间15～18℃	
		摘叶	及时去掉老叶、黄叶、枯叶、病叶、匍匐茎，清除杂草	在整个发育过程中，随时都要去掉老叶黄叶、枯叶、病叶、匍匐茎，清除杂草
10月	现蕾前期	棚膜覆盖	温室覆盖棚膜时间在外界最低气温降到8～10℃的时候。朝阳地区应在10月1日前后扣棚膜	
		地膜覆盖	顶花芽显蕾时覆盖黑色地膜。盖膜后，立即破膜提苗	
		温度调节	温度控制白天26～28℃，夜间15～18℃	
		喷施调节剂	在保温一周后往苗心处喷国光赤霉酸，浓度为5～10毫克/千克，每株喷药约5毫升	赤霉酸浓度一定要精确
		防虫	温室挂10厘米×20厘米黄板30～40块/亩，防止蚜虫。挂蓝板防治蓟马	整个生长期都要挂黄板、蓝板
		水肥管理	水要勤浇少浇，以地表湿而不涝为准，不需追肥，可叶面喷施磷酸二氢钾800～1 000倍液加坤天牌酵素菌37号叶面肥500倍液	

（续表）

时　间	生育时期	管理内容	技术要点（以9月中旬定植茬口为例）	注意事项
11月	现蕾—开花期—幼果期	病虫害防治	白粉病可用硫黄熏蒸罐熏蒸	
		浇水	以早晨室内草莓植株叶缘是否吐水为标准，如吐水则土壤不缺水；如不吐水，虽土壤湿润，应视为缺水	
		施肥	顶花序显蕾时追肥，每亩施三元复混肥（15－15－15）10～15千克	
		温度调控	显蕾期：白天25～28℃，夜间8～12℃；花期：白天22～25℃，夜间8～10℃	
		湿度调节	白天的相对湿度保持在50%～60%；夜间尽可能降低湿度	整个生长期都要尽可能降低棚室内的湿度
		放蜜蜂	5%花蕾开花时开始放入蜜蜂，蜜蜂数量以1株草莓1只蜜蜂为宜，每亩地4框，约10 000只蜂	经常查看蜜蜂是否缺食，经常补饲白砂糖和花粉。用1千克白开水对0.7千克白糖充分溶解晾凉后，倒入蜂巢内
		增施二氧化碳气肥	二氧化碳气体施肥在冬季晴天的午前进行，施放时间2～3小时，浓度700～1 000毫克/升	二氧化碳气肥应在11月到翌年2月末全程增施
		疏花果	结果后的花絮要及时去除。无效果要及时早疏除，每个花序保留3～6个（依据品种而定）	整个生长过程都要及时疏花疏果
		补钙	用国光钙1 000倍液	每15天补钙1次
		补铁	硫酸亚铁800～1 000倍液	每15天补铁1次

（续表）

时　间	生育时期	管理内容	技术要点（以9月中旬定植茬口为例）	注意事项
12月	果实膨大期 果实成熟期 果实采收期	温度管理	白天20～25℃，夜间5～10℃	
		追肥	顶花序果开始膨大时追肥。追施氮磷钾2∶1∶1复合肥10千克/亩加坤天牌酵素菌肥或黄腐酸钾10千克/亩	15天左右追施1次
		电灯补光	有条件的采用电灯补光。安装100瓦白炽灯40～50个/亩。每天在日落后补光3～4小时	12月上旬至翌年1月下旬期
		白粉病	用硫黄熏蒸罐熏蒸	
		灰霉病	用速克灵50%可溶性粉剂800倍液喷雾防治。加大放风量，将棚内湿度降至50%以下，将棚室温度提高到35℃闷棚2小时，然后放风降温，连续闷棚2～3次	注意闷棚时间不要过长
		蓟马	苦参碱0.36%水剂400倍液或吡虫啉10%乳油1 000倍液	以后生长期都要按此严格防治
		蚜虫	吡虫啉10%乳油1 000倍液叶面喷施	
		果实采收标准	果实表面着色达到70%以上	
		采收前准备	果实采收前要做好采收包装准备。采收用的容器要浅，底部要平，内壁光滑，内垫海绵或其他的衬垫物	
		采收时间	采收在清晨露水已干或傍晚转凉后进行	
		采收操作技术	采收时用拇指和食指掐断果柄，将果实按大小分级摆放于容器内，采收的果实要求果柄短，不损伤花萼，无机械损伤，无病虫危害	

（续表）

时　间	生育时期	管理内容	技术要点（以9月中旬定植茬口为例）	注意事项
1~2月	二循花管理	掰茎	在顶花序抽出后，选留1~2个方位好而壮的腋芽保留，其余掰掉	以后每序果摘果都要有此项工作
		摘叶	摘掉所有老叶和果熟后的花茎，保留4~6片叶片	
		病害	白粉病灰霉病防治同12月	
		虫害	蓟马、红蜘蛛、蚜虫防治：苦参碱0.36%水剂400倍液或吡虫啉10%乳油1 000倍液防治蚜虫、蓟马，哒螨灵15%乳油2 300~3 000倍液防治红蜘蛛	
		水肥管理	追施氮磷钾25-12-13复合肥10千克/亩加坤天牌酵素菌肥或黄腐酸钾10千克/亩，每10~15天1次。浇水以早晨室内草莓植株叶缘是否吐水为标准，如吐水则土壤不缺水，如不吐水，虽土壤湿润，也应视为缺水	
		温度管理	最高温度25~30℃，最低温度控制在5~7℃	
3~5月	后期管理	植株管理	加盖遮阳网，降低棚内温度，防止日烧	
		水肥管理	勤浇水降低地温。追肥与1~2月份水肥管理相同	
		温度管理	在夜温不低于5℃的前提下，尽可能降低夜温，白天尽可能控制在25℃左右	
		病虫害防治	蚜虫、蓟马、红蜘蛛防治同1月	
			灰霉病速克灵50%可湿性粉剂800倍液； 白粉病醚菌酯5%悬浮剂3 000倍液	

喀左县日光温室西瓜栽培管理作业历

时间	生育时期		管理内容	技术要点	注意事项
7月中下旬	第一茬	发芽期	接穗浸种催芽	1. 品种选择：选用抗病、含糖量高、商品性好、耐储运的早熟品种，如日本甘泉F1、小地主、青园103、京欣系列等品种； 2. 浸种催芽：将西瓜种子用开水烫种10秒钟，倒入凉水搅拌，使温度下降到30℃，浸泡10小时左右，捞出置于30℃条件下催芽，每天用清水淘洗1～2次，种子80%露白即可播种	要适当抢早，不可过晚，因西瓜性寒，冬季北方消费量较低，且海南露地西瓜大量上市，向南方销售也没有价格优势
			砧木浸种催芽	1. 品种选择：选用抗枯萎病、黄萎病的白籽南瓜或超丰F1或全能铁甲F1； 2. 浸种催芽同西瓜种子，只是种子浸泡要达到20小时以上	
			西瓜种子播种	将催好芽的西瓜种子播入事先做好的畦内，上覆约1厘米厚土，然后盖上地膜保湿	
			南瓜种子播种	待西瓜苗约80%出土后，再将催好芽的南瓜种子播入事先装好土的营养钵内，每钵一粒种子，播后覆土1.5厘米，盖地膜保湿，出苗70%左右时揭掉地膜	
			病虫害预防	1. 病毒病：用1.5%植病灵水剂800～1 000倍液喷淋预防病毒病效果较好。 2. 生理性僵苗：采用地膜覆盖增温、保湿、防雨，改善根系的呼吸环境。 3. 徒长苗：①配制营养土，避免速效氮肥用量偏大；②要加强苗床的温度管理，防止夜温偏高；③加强通风，减少湿度；④要保持和增强苗床的光照，避免光照不足。 4. 蚜虫、白粉虱：苗床上扣40目防虫网防止害虫为害	温度超过32℃时要用遮阳网遮阳，防止室温过高，南瓜苗出齐且两叶一心，接穗长到两片子叶开展，第一片真叶直径1～1.5厘米开始嫁接

（续表）

时间	生育时期		管理内容	技术要点	注意事项
7月中下旬	第一茬	幼苗期	嫁接	选劈插接法： 1. 将接穗苗从苗床中拔出洗净，置于装有干净水的盘中； 2. 用消毒后的刮脸刀片将砧木第一片真叶及生长点去掉，顺子叶垂直方向向下剖开胚轴一面约1厘米长口后，将削成楔形的接穗插入砧木刀口内，用细纸条固定后，夹上嫁接夹，浇适量水后放入遮好阴的育苗棚内	在育苗棚内进行嫁接，必须搭上棚遮光，防止阳光直射，同时注意保湿，利于伤口愈合
			嫁接苗管理	苗接好后，放入事先遮阴的拱棚内，并随即将四周压严，盖好遮阴物。棚内湿度保持在95%以上，每天观察瓜苗生长情况，保证瓜叶缘有水珠，棚内膜有水雾点，中午如温度过高则要及时通风。接后2～3天一般采取封闭保湿遮阴状态，3～4天后的早晚湿度大时可少量通风换气，以后逐渐增大通风量，但仍保持较高湿度。嫁接苗在第4天后要早晚揭去遮盖物，以后逐渐延长光照时间，7～10天内中午一般要遮阴，10～15天后揭膜炼苗	壮苗标准：幼苗3～4叶1心，子叶和真叶宽大而且厚实，叶色浓绿，下胚轴粗壮，叶柄较短且粗。瓜苗侧根多，根系发达
8月中下旬			定植前准备	定植前深翻土地30厘米，结合翻地每亩施腐熟的农家肥10～15立方米/亩，硝酸钙25千克/亩，硫酸钾20千克/亩，二铵40千克/亩，并拌入适量杀虫剂。然后按0.9～1米距离做畦	
			定植	选壮苗定植，株距30～40厘米，每畦栽植15～18株，待西瓜苗长到4～5片叶时，及时摘心留蔓，每株留2个大小均匀的蔓	

（续表）

时间	生育时期		管理内容	技术要点	注意事项
8 月中下旬	第一茬	伸蔓期	定植后管理	1. 温度管理：缓苗前白天保持 30～33℃，夜间 18℃以上，缓苗后要注意温度管理，由于 8 月、9 月外温较高，要注意大通风和适当遮阳降温。瓜长至 0.5 千克后，白天 33～35℃，夜间 15～18℃，将昼夜温差保持在 15℃左右。 2. 吊蔓：当瓜蔓长到 8～9 片叶时，要及时吊蔓，以后逐渐绕蔓。 3. 授粉：一般在 10～12 节处留瓜，需人工授粉。授粉时间在晴天上午 9 时后进行，每株授粉 2 朵，当瓜坐住后，选一个形好的瓜留住即可。瓜长至 0.5 千克时，为防落瓜，要进行吊瓜。 4. 水肥管理：未授粉前如缺水，可视情况浇一次小水。当瓜长至鸡蛋黄大小时开始冲肥，冲硝酸钾 10 千克/亩. 如瓜秧较弱可加入少量尿素。共计冲肥 3～4 次	
11 月中下旬		结果期	采收	要做好授粉标记，由于温度相对较高，一般授粉后 30 天左右即可成熟。此茬西瓜一般 4 000～5 000千克/亩	
11 月中下旬	第一茬		病虫害防治	1. 生理性病害：粗筋果，选择抗性品种；合理施用氮肥和适时浇水；深耕土层；增施有机肥；合理整枝；及时防治病虫害。 2. 疯秧：控制基肥施用量；前期少施氮肥，注意磷、钾肥的配合施用；适时通风，增加光照；对于疯长植株，可采用整枝、打顶、人工辅助授粉促进坐果。 3. 裂瓜：选好品种；合理浇水，避免忽干忽湿；合理施肥，增施磷、钾肥有利于增强瓜皮韧性，减少裂瓜；叶面喷施绿亨一统裂果或红钙效果更好。 4. 枯萎病：络氨铜 14% 水剂 500 倍液，或用甲霜·噁霉灵（中保秀苗）灌根防治。 5. 疫病：精甲霜·锰锌（金雷）68% 可湿性粉剂 100～120 克/亩、精甲·咯菌腈（亮盾）6.25% 悬浮剂 1 500倍液喷雾灌根；恶酮霜脲氰（抑快净）52.5% 可湿性粉剂 1 500～2 000倍液喷施。 6. 病毒病：盐酸吗啉胍（病毒灵）20% 乳油 500 倍液。 7. 蚜虫：啶虫脒 20% 乳油 2 000倍液；吡虫啉 20% 乳油 2 000倍液；高效氯氟氰 2.5% 乳油 3 000倍液。 8. 潜叶蝇：黄板诱杀；灭蝇胺 50% 可湿性粉剂2 000倍液；乐斯本 48% 乳油 800～1 000倍液。 9. 白粉虱：噻虫嗪 25% 分散粒剂 3 000～4 000倍液灌根；噻嗪酮（扑虱灵）25% 可湿性粉剂 1 000倍液	

（续表）

时间	生育时期		管理内容	技术要点	注意事项
11月中上旬	第二茬	发芽期	西瓜种子浸种催芽	同第一茬	
			砧木浸种催芽		
			西瓜种子播种		
			南瓜种子播种		
12月下旬至1月上旬		幼苗期	嫁接	一般11月中下旬嫁接育苗，育苗和嫁接方法同第一茬	
			嫁接苗管理	同第一茬，注意保温	
			定植前准备	同第一茬。要注意施入腐熟的粪肥10～15立方米/亩，化肥量同第一茬	
			定植	1. 由于育苗期间温度较低，苗龄有所延长，需40～50天，4叶1心时定植； 2. 由于定植期在1月份，是一年中最冷的季节，因此，要将畦作改为台作，按1米行距做台，台高15～20厘米、底宽50～60厘米、顶宽40～50厘米。要求用白色地膜全膜覆盖栽培	
		伸蔓期	定植后管理	要注意保温增光措施。其他管理同第一茬	
3月下旬至4月中旬		结果期	采收	这茬瓜一般45天左右成熟，采收期在3月下旬至4月上旬。一般亩产3 000～4 000千克	
			病虫害防治	同第一茬	

（续表）

时间	生育时期		管理内容	技术要点	注意事项
3月上旬	第三茬	发芽期	西瓜种子浸种催芽	在第二茬西瓜快要授完粉时育苗，方法同第一茬瓜，这茬瓜由于温度好，成活率高	
			砧木浸种催芽	同第一茬	
			西瓜种子播种		
			南瓜种子播种		
4月中旬至5月底		幼苗期	嫁接	同第一茬	
			嫁接苗管理	同第一茬，注意防止秧苗徒长，方法同第一茬	
			定植前准备	同第一茬	
			定植	在二茬瓜采摘一半时定植于头茬瓜苗中间，定植方法同第一茬	
		伸蔓期	定植后管理	同第一茬瓜	由于春起温度波动较大，易出现温度、湿度忽高忽低情况，因此要注意防白粉病、疫病和蔓枯病等

（续表）

时间	生育时期		管理内容	技术要点	注意事项
6月中下旬	第三茬	结果期	采收	一般6月上中旬采摘，由于温度条件较好，瓜体个头较大，一般亩产可达5 000千克左右	
			病虫害防治	同第一茬，重点防治： 1. 白粉病：醚菌酯（翠贝）50%水分散粒剂2 500～4 000倍液、乙嘧酚25%悬浮剂1 000倍液、吡唑醚菌酯（凯润）25%乳油2 000倍液等。 2. 疫病：精甲霜·锰锌（金雷）68%水分散粒剂100～120克/亩；霜脲锰锌（杜邦克露）72%可湿性粉剂600倍液；氟菌·霜霉威（银法利）68.75%悬浮剂1 200倍液；定植前霜霉威（普力克）72.2%水剂1 000倍液喷淋秧苗，必要时可用上述药剂灌根。药剂轮换使用，间隔7～10天	

朝阳市日光温室绿色平菇熟料生产栽培管理作业历

温室平菇熟料工艺流程主要是：场地的选择—备料备种—棚室维修准备生产—拌料—装袋—灭菌—冷却—接种—养菌管理—出菇管理—病虫害的防治。生产时间一般安排如下：6 月 1～10 日母种制作→6 月 10～20 日原种制作→7 月 10～20 日栽培种制作→8 月 10～20 日出菇袋制作→9 月中旬至翌年 5 月出菇管理。生产中应根据温度类型、生产性状和经济性状等选择菌种，早秋及春季出菇品种应选择广温型菌株，秋冬出菇应选择广温偏低型菌株。

时间	生育时期	管理内容	技术要点	管理注意事项
3～6 月	准备期	场地选择	场地的选择要具备 6 个条件：①水源充足；②通风良好；③温度稳定；④保湿性好；⑤便于调节光照；⑥远离养殖场、垃圾推	
		栽培料准备	栽培平菇常用的主料有棉籽壳、玉米芯、木屑、麦麸等，合格的主料要求无污染，农药的残留量应符合国家及联合国规定的食品卫生标准，并且要求新鲜、干燥，无霉变，无虫害，疏松不板结。玉米芯要新鲜、无霉变，整个贮存，用时粉碎成黄豆粒大小。棉籽壳要选择含绒量多些、无明显刺感的棉籽壳，并力求新鲜、干燥，无霉变，无结团，无异味，无螨虫。木屑要选择阔叶树木屑，并且新鲜无霉变，并且使用前要过筛。麦麸要新鲜，最好直接向面粉厂订购	
6～8 月	育种期	购买栽培种	优良的平菇菌种，菌丝洁白、粗壮、密集，菌丝生长均匀、整齐，爬壁性强，不易产生很厚的菌被，香味浓郁。在 22～25℃ 条件下，一般 30～35 天长满	菌种出现大量珊瑚状子实体不宜使用
		市内消毒	1. 打开菇棚的通风窗口，日夜通风干燥，或掀开棚膜，让太阳暴晒。 2. 进料前 3 天，用 0.1% 浓度 50% 多菌灵可湿性粉剂将棚内地面、床架、立柱分别重喷 1 次，喷后地面撒一层石灰粉（每平方米 0.2 千克）。进料前两天按每 100 平方米面积用 2 千克甲醛进行密闭熏蒸 24 小时。或者每平方米 2～5 克硫黄熏蒸	熏蒸时一定要注意安全，人要安全撤离，并且等无药味时，再进入

（续表）

时间	生育时期	管理内容	技术要点	注意事项
8月	栽培袋制作及接种期	栽培料配方	传统配方：玉米芯 50%、木屑 30%、麸皮 16%、过磷酸钙 0.5%、石膏粉 0.5%、石灰 3%、料水比 1∶1.5、pH 值 7.5。 围绕三品标准化生产研发新配方（此技术是国家发明专利）：玉米芯 50%、木屑 30%、食用菌菇农乐系列——食用菌培养基专用增效剂 20%、料水比 1∶1.5、pH 值 7.5	
		拌料	建堆场所最好是紧靠菇房的水泥地面，避风向阳、水源干净、并排水良好。建堆前对场地和工具进行彻底消毒，其次对原料进行暴晒 24 小时。拌料时，先将主料和辅料料混合均匀，加足水分（培养料含水量 65%）做到三均匀（即主料和辅料均匀、干湿均匀），并达到两个指标（含水量 60%～65% 和 pH 值达到 8.0～9.0）	玉米芯要预湿，否则由于颗粒粗，有干料蒸不透，导致灭菌不彻底，产生杂菌污染。锯末子必须过筛的，以免扎袋
		装袋	装袋方法： （1）手工装袋 先将料袋一端用线绳扎住，打开另一端袋口。用塑料瓶做成的斜面装料斗，向筒内装培养料，边装边用手稍加力压实，注意松紧适宜，层层压实。当料袋至袋口 6 厘米时，将料表面压平，把袋口薄膜稍微收拢后，用线绳扎紧。 （2）机器装袋 现在生产一般采用装袋机，每台每小时可装 800 袋。一台装袋机配备 6 人，其中，铲料 1 人，套袋 1 人，捆扎袋口 3 人，运袋 1 人。先将菌袋未封口的一端张开，整袋套进装袋机出料口的套筒上，右手紧托，左手卡压到套筒上的袋子，当料从套筒不断输入袋内时，右手顶住袋头往内紧压，形成内外互相挤压，使料松紧适度，此时左手顺其自然后退，当装料接近袋口 6 厘米处，即可停止装料取出竖立	
		扎带方法	扎口人员按装量要求，增减袋内培养料并将袋外壁周身和袋口剩余 6 厘米薄膜内空间清理干净，然后将袋口在贴近料面处先直扎两圈，后折转两圈再直扎一圈，达到密封	

（续表）

时间	生育时期	管理内容	技术要点	注意事项
8月	栽培袋制作及接种期	装袋要求	1. 装料量：22 厘米 ×55 厘米 ×0.004 厘米的栽培袋，每袋装干料约 1.5 千克，湿重 3 千克。 2. 松紧度：以人中等力抓住培养袋，菌袋表面有轻微凹陷指印为佳。若有凹陷感或料袋有断裂痕说明太松，若似木棒无凹陷则太紧。 3. 无破损和刺孔：装好的袋要检查有无破损和刺孔，发现刺孔的可用胶带黏好，破损严重的要更换塑料袋，防止杂菌感染。 4. 运输轻拿轻放：料袋搬运过程要轻拿轻放，装料场所和搬运工具需铺放麻袋或薄膜，扎好的袋放在铺有塑料的地面上。 5. 装袋时间：为了防止培养基发酵，从开始到结束，时间不超过 4 小时	
		灭菌消毒	1. 及时进灶 培养料有大量微生物群，调水后如未及时灭菌易酸败，装料后立即进灶灭菌。 2. 合理叠袋 菌袋可摆成“井”字形，使汽流自下而上畅通。如有条件最好用周转框，装好一袋放入一袋（注意从四周向中间装，防止箱子刮袋）。料袋装入筐中灭菌，既避免了料袋间积压变形，又利于灭菌彻底。 3. 排放冷气 无论是高压或常压灭菌，都应排尽冷气，否则会造成假压，造成灭菌不彻底。高压灭菌时当蒸汽压力达到 0.05 兆帕时排冷气，排尽冷气后关闭排气孔（如灭菌锅大，灭菌数量多，应排 2～3 次冷气，效果更好）。常压灭菌时应打开灭菌锅的排气孔，待排出的蒸汽到 90℃时，再过 10 分钟关闭排气孔。 4. 温度指标 高压灭菌：灭菌锅内蒸汽压力达到 0.15 兆帕，温度到 126℃后保持 2 小时	

（续表）

时间	生育时期	管理内容	技术要点	注意事项
8月	栽培袋制作及接种期	灭菌消毒	常压灭菌：袋进蒸仓后，立即旺火猛攻，使温度3～5小时到100℃并保持12小时，再停火闷4小时，做到“攻前、稳中、保后”，防止“大头、小尾、中间松”。注意升温缓慢易引起培养料酸化，锅内水分不足时应加80℃以上热水。 5. 卸袋搬运 卸袋前先把蒸仓门板螺丝旋松，把门扇稍向外拉，形成缝隙，让蒸汽徐徐逸出。如果一下打开门板，仓内热气喷出，外界冷气冲入，容易引起菌袋破裂。当温度降至60℃以下时，可套上棉纱手套趁热卸袋。如发现袋头扎口松散或袋面出现裂痕，随手用纱线扎牢袋头，胶布贴封裂口。卸下的袋子要用铺麻袋的板车运进冷却室，防止刺破料袋。 6. 冷却 灭菌后的培养袋及时搬进冷却室内，按“井”字形4袋交叉排叠，每堆8～10层，让袋温散热冷却，待袋内温度下降到28℃以下即可接种，对于冷却范围大又很通风的地方，最好在料棒上盖薄膜以防灰尘落至料棒上，影响接种成品率	
		接种及消毒	接种室的消毒 接种室应事先清扫干净，并消毒处理。具体方法：10毫升甲醛加7克高锰酸钾可熏蒸1立方米空间，熏蒸时间一般为12～24小时；利用气雾消毒盒（有效成分为ACCNA）进行熏蒸，使用量为2克/立方米效果很好	为了防止杂菌对药剂产生抗药性，要交替使用药剂
		接种方法	接种方法 当时间达到后，方可进行接种，在工作人员进入接种室进行接种时，应该对所穿的服装、手、工具等用来苏水或酒精进行消毒处理，然后才可以进行接种。方法是：打开菌袋一端的袋口，把种子打成花生粒大小的颗粒状，用量为8%～10%，均匀地放入袋内，再用套环和报纸进行封口，依次地另一端进行接种	记住在操作过程中手、工具不能碰培养料，搬袋摆袋要轻拿轻放

（续表）

时间	生育时期	管理内容	技术要点	注意事项
8月	栽培袋制作及接种期	养菌室消毒	养菌室消毒 消毒方法参考接种室消毒。为防止杂菌侵染，发菌室内最好5～7天喷1次灭菌药物，如3%～5%的来苏儿等	
		养菌及“温光温气”管理	管理好温、湿、光、气四大要素 培养场地要干燥、空气清新，尽量保持黑暗，温度控制在27℃以下。空气相对湿度为60%～70%。 （1）温度：最适为22～26℃，此时杂平菇菌丝粗壮、浓密。 （2）湿度：空气相对湿度保持在60%～70%，既要防止湿度过大造成杂菌污染，又要避免环境过干而造成栽培袋失水。 （3）光照：培养室光线宜暗不宜强，光线过强不利于菌丝生长。 （4）空气：适当通风，空气新鲜。一般每天2～3次，每次30分钟	因为平菇菌丝生长过程中分解有机质，释放能量，所以袋内温度比空气温度高3～5℃，所以测量时注意气温的同时更要注意料温
		排放菌袋	一般气温在20～26℃时，垛高为5～8层，当气温升至28℃，降低到2～4层，间距不少于50厘米，同时加大通风换气，当气温升至30℃，菌袋必须单层摆放，并加大通风散热，当气温达到35℃以上迟迟不降温，必要时可以泼冷水降温，相反气温低时可以加大垛的高度和密度，或码实垛，特低时就可以根据所具备的条件因地制宜地采取相应的加温措施	菌袋摆成“井”或“品”字形，尽量避免挤压，以利通气
		倒带翻垛	在培养期间还应有倒袋、翻垛的过程，正常情况下7～10天应倒垛1次，若温度上升过快应及时倒垛，调整菌袋的排放位置，使菌丝均衡生长，并根据气温和料温的变化，及时调整排放的高度和密度，以免造成烧菌的现象	
		翻垛捡杂	（1）接种后2～3天，检查菌种是否萌发，如没萌发，多属于未打透气孔，应立即补打孔。 （2）接种后3～5天，菌种垛萌发，但不吃料，多属于袋内温度太高，应立即降低培养温度	

（续表）

时间	生育时期	管理内容	技术要点	注意事项
8 月	栽培袋制作及接种期	翻垛捡杂	（3）如发现袋中间有少许毛霉，正常培养平菇菌丝能压住或盖没污染区，并正常出菇。如发现菌袋底部积水，可将菌袋底部扎孔并立放地面，让水通过透气孔流出。 （4）污染绿霉轻微的菌袋可用50%多菌灵可湿性粉剂1 000倍液注射，严重的菌袋应及时清理出场地烧毁	
		菌丝后熟培养	菌丝发满料袋后继续培养7～10天，菌丝更加粗壮、浓密、洁白，达到后熟的目的和效果	
9 月至翌年 5 月	出菇管理	菇场的准备	出菇场所应进行清洁和消毒、撒石灰，修40厘米宽、5～8厘米高的梗，中间留有80厘米宽的作业道	
		菌袋排放	一种方法是发满菌后直接把菌袋排放在栽培场所，一般排8～10层，两头出菇，地面浇水保湿	
		催蕾管理	当菌丝达到生理成熟时，并可进行催蕾管理。这时应拉大昼夜温差达10～15℃促进原基分化，并加大空气的相对湿度。加大空气相对湿度的方法主要是向棚顶、地面、墙体进行喷水，菌垛也应适当的淋水，使其原基迅速分化，为使其顺利出菇，袋口应常保持湿润状态，这时应加大通风量，通风对原基分化也起着重要的作用，照这样原基很快会形成（也就是菇蕾），当菇蕾出现达到70%时，可以把报纸撤去，这时以打空气水为主，不宜向菇蕾直接喷水，容易把菇蕾激死，当菌盖长到1厘米以上，才可以向菇体直接喷水，喷水时应结合通风换气进行	
		出菇管理	催蕾后经行出菇管理，出菇场地最好保持室温16～22℃，空气相对湿度85%～90%，给予500～1 000勒克斯的散射光，适度通风。一般情况下3～5天，可见针状的原基（桑椹期）；7天左右，可见火柴杆一样的原基（珊瑚期），珊瑚期2～3天，菌盖达到玉米粒大小（形成期）；再过5天左右，子实体迅速生长达到成熟	

（续表）

时间	生育时期	管理内容	技术要点	注意事项
9月至翌年5月	出菇管理	采收标准与方法	一般要求平菇长至八分熟，菇盖充分展开，孢子尚未放射，这时即可采收。采收前轻喷一次雾化水，以降低空气中漂浮的孢子，减少对工作人员的危害，并保持菇盖新鲜。采收时，一手按住出菇培养料，一手捏住菇柄，轻扭即下。对丛生成对的子实体，可以一次采下，菌褶向上整齐地放在筐内	
		采后管理	每次采收后，清理残留的菇柄和杂物，以防腐烂招致病虫害。然后整理菇场，停止喷水，降低菇场湿度，养菌5～7天，让伤口上菌丝恢复生长，并形成原基。待下一潮菇长出后，再喷水提高湿度。一般可采收8～10潮菇	
		杂菌防治	1. 主要杂菌发生和防治 （1）绿色木霉：温度高，通风不良，偏酸性的环境大，容易发生。 方法：用2%的甲醛和5%的碳酸混合液处理，浸染部位可用纯酒精进行火烧，仅少量发生可清表面的培养料，加强通风换气，降低温度。 （2）链孢霉：高湿、高湿容易发生。 防治方法：在纸盖和破眼处出现的链孢霉孢子应用0.1%的高锰酸钾溶液浸纱布或报纸覆盖，防孢子扩散之后换上新的、经过消毒后的纸盖或棉塞。 菌袋内可用5%可湿性托布津或福尔马林500倍液喷洒，并用胶布贴封针眼。 （3）毛霉：白色，在15～23℃通风不良、湿度大时容易发生。 防治方法：在配制培养料中加入适当的多菌灵，并掌握适宜的含水量。 ①栽培室内湿度过大时，加强通风，降低湿度。 ②出现少量毛霉时，应及时处理，在污染部位撒石灰和多菌灵的混合粉	

（续表）

时间	生育时期	管理内容	技术要点	注意事项
9月至 翌年5月	出菇管理	病害防治	2. 主要生理性病害的发生和防治 （1）菜花菇 原基密集，但菌盖和菌柄并无明显分化，表面上只是一个菜花状的白疙瘩，没有任何商品价值。原因：二氧化碳浓度极高；基料内过量添加了某些辅料如化肥、农药或其他化学成分；有害气体中毒；现蕾前后料面使用了农药等。解决办法：分析具体情况，找出首要原因，然后对症下药。 （2）粗柄菇 菌柄基部正常，中部粗大，菌盖没有分化，形似腰鼓。原因：通风严重不足，二氧化碳浓度过高。解决办法：加强通风即可	
			3. 主要虫害及其防治 （1）菌蛆类 ①菇蝇：体小，细长，褐色或黑色，足、触角，翅膀较长，繁殖较快，24小时内即可产卵，以食菌丝体和子实体为主。 ②粪蝇：黑色，光亮无毛，体较肥胖，足短，腿节大，触角短粗，以蛀食子实体为主，以菇根起蛀食成隧道状进入菌柄直至菌盖破孔而出。 ③瘿蚊：成虫体积微小，淡黄至橙黄色，头小，腹眼大，触角细长，念珠状，翅宽大，有毛或磷，足细长，雌虫腹部较粗，雄虫尖细，繁殖量大。 菌蛆主要来自于培养料，如栽培场所的卫生差，四周堆放腐烂的杂物或粪肥，以及通风不良，湿度大，死菇多，就易导致成虫产卵，其危害更为严重。 防治方法： ①栽培室所有的通风口处和入口处都应安装纱网，防止成虫飞入产卵。 ②点灯诱杀，即在棚内放几盆水，盆内滴几滴松节油，每只盆上悬挂一盏电灯，成虫见光后飞到水盆上，闻到松节油就晕倒落水	

（续表）

时间	生育时期	管理内容	技术要点	注意事项
9月至翌年5月	出菇管理		③在菌丝生长阶段，可用800倍液敌敌畏喷于报纸上，用此报纸覆盖培养基熏蒸，24小时后，取下报纸，对菌蛆也有较好的防效作用。 （2）线虫类： 体长1毫米、宽50微米，像菌丝一样宽，10天左右可繁殖一代，主要以菌丝体和子实体为食，轻者减产20%～30%，重者绝收，原因主要是料、水源、工具及培养场地不干净，含有虫源。 防治方法： ①料场地及培养场地进行严格消毒，每100平方米用1千克甲醛和0.5千克敌敌畏混合熏蒸。 ②用干净水拌料，并对培养料进行严格灭菌杀虫，防止培养料含水量过大。 ③用甲基溴熏蒸，温度在25℃时保持3小时以上，可杀死处于休眠期线虫。 （3）螨类 螨体长1毫米，一般为黄褐色，多时呈咖啡色，粉状，主要以食菌丝体为主，严重时可造成绝收现象，主要来源于仓库和鸡舍的糠、棉籽饼等饲料。 防治方法：远离仓库、鸡舍、垃圾堆等污染源聚集之处，以杜绝虫源，培养前可用50%的敌敌畏进行熏蒸，出菇后用磷化铝熏蒸，用量为0.2片/立方米	

附　　件

设施蔬菜生产病虫害综合防治技术

防治技术	管理内容	生育期	技术措施
农业防治	清洁田园	播种前	清洁田间，将棚内残枝烂叶全部清理干净，为棚内消毒作准备
	品种选择	播种前	种植抗（耐）病虫能力较强的品种
	培育无病虫壮苗	播种前	无土栽培，营养钵、营养土（无病土）培育无病虫壮苗
	科学轮作	播种前	将番茄、黄瓜、茄子与葱、蒜、韭菜等不同科属的作物轮作
	植物检疫	播种前	严格植物检疫措施，不从疫区、疫棚调入蔬菜种苗，防止病虫传播蔓延
	水肥管理	生育期	加强水肥管理，使植株生长健壮，增强耐害力。清除田间残株、杂草，减少虫源。在换茬期间进行土壤消毒或夏季高温闷棚灭虫
物理防治	设置防虫网和蓝黄黏板	播种前	棚室通风口、门窗增设防虫网，棚内设置蓝色或黄色黏虫板诱捕白粉虱、蓟马、蚜虫、美洲斑潜蝇等害虫
	温汤浸种	播种前	先将种子放入干净水盆中，加入少量凉水浸没种子，加入热水，使水温达到 50～55℃，按一个方向搅拌，浸种 20～30 分钟；然后用 30℃清水浸泡 8～12 小时，使种子吸足水分。或活干种子（含水量低于 10%）置于 70℃恒温条件下处理 72 小时
	糖醋酒液或诱芯诱杀	生育期	利用害虫的趋化性，用糖醋酒溶液进行诱杀，配制方法是，糖：醋：酒：水：90% 敌百虫按 3：3：1：10：0.1 的配比，先将 90% 敌百虫用水溶化，然后加醋、酒、农药即可。一般每 30 平方米放一诱杀盆，每 5～7 天更换 1 次诱杀液，每隔一日加 1 次醋。也可利用昆虫性诱剂诱杀害虫
	控湿防病	生育期	高垄栽培，地膜覆盖，膜下低灌，控制土壤湿度，降低病害繁殖力和传播速度，减少土传病害的发生
	生防制剂	生育期	生防真菌：木霉防治立枯丝核病菌和腐霉菌；小盾壳霉防治莴苣萎蔫病； 生防细菌：土壤放线杆菌 K－84 菌系，可有效地防治根癌病；枯草芽孢杆菌防治瓜果腐霉和烟草疫霉
	嫁接换根栽培	播种前	用黑籽南瓜、托鲁巴母、青砧 1 号等作砧木，采用靠接法、插接法等分别嫁接黄瓜、茄子、青椒，可显著提高作物的抗病虫能力
	高温闷棚	播种前	在夏季棚室休闲期，用塑料薄膜密封棚室，在强光照射下，使棚温迅速升高到 60℃以上，并保持一定的时间，利用高温杀菌消毒

（续表）

防治技术	管理内容	生育期	技术措施
化学防治	土壤处理	播种前	1. 噻唑膦（福气多）10% 颗粒剂，每亩用药量 10 ~ 15 千克与 20 千克细干土拌匀，撒施，耙深 20 厘米，当天定植。 2. 棉隆 98% ~100% 微粒剂，每亩沙壤土药量 15 ~20 千克，黏壤土药量 20 ~25 千克。在伏季休闲期先将土壤深翻 20 厘米以上，然后将药剂均匀撒施，再旋耕一遍。用塑料薄膜全部覆盖，四周用土压实封闭，要保证不漏气。封闭 15 天后松土放气，再过 10 天后播种、栽苗
	棚内消毒	播种前	在播种前对棚体进行全面消毒处理，以熏蒸方法最为有效。棚室作物在定植前 7 天，密闭塑料棚膜及放风口。每百平方米用硫黄粉 0. 15 千克，掺拌干锯末和敌敌畏或敌百虫 0. 5 千克，分放在瓦片或铁片上，从棚内往外依次点燃，然后密闭门口，熏蒸 24 ~48 小时，定植前打开棚室通风口放风，待药味散尽后方可定植。这种方法可杀死表皮真菌、细菌和害虫
	树体喷光杆药	休眠期	在葡萄等果树休眠期喷 5 度石硫合剂，对病虫害有杀灭作用，是果树萌芽前的必要措施
	药剂拌种	播种前	用 50% 多菌灵可湿性粉剂 500 倍液浸种 2 小时，捞出洗净晾干备用，可防治种间及种内病菌。用磷酸钠 100 倍液浸种 30 分钟，洗净后用 30℃温水浸泡 6 ~8 小时，浸透后催芽，可防治病毒病
	菜青虫	生育期	Bt 乳剂、48% 乐斯本乳油、2. 5% 保得乳油 、25% 绿宝素乳油、37. 5% 拉维因胶悬剂等
	小菜蛾	生育期	1. 8% 阿维菌素乳油、5% 锐劲特悬浮剂、52. 25% 农地乐乳剂、5% 卡死克乳油等
	蚜虫	生育期	10% 吡虫啉、3% 辟蚜雾、5. 7% 百树得乳油等
	夜蛾科害虫	生育期	52. 25% 农地乐乳油、37. 5% 拉维因胶悬剂、2. 5% 天王星乳油等
	黄条跳甲	生育期	50% 辛硫磷乳油、80% 敌敌畏乳油、90% 敌百虫晶体、48% 乐斯本乳油
	红白蜘蛛	生育期	1. 8% 阿维菌素乳油、15% 扫螨净乳油、15% 哒螨灵乳油
	班潜蝇	生育期	1. 8% 阿维菌素乳油、48% 乐斯本乳油等
	茶黄螨	生育期	1. 8% 阿维菌素乳油、48% 乐斯本乳油、15% 扫螨净乳油等

（续表）

防治技术	管理内容	生育期	技术措施
化学防治	细菌性软腐病	生育期	47%加瑞农可湿性粉剂、77%可杀得可湿性粉剂等
	细菌性疫病	生育期	47%加瑞农可湿性粉剂、25.9%植保灵水剂、14%络氨铜水剂、77%可杀得可湿性粉剂等
	霜霉病	生育期	58%雷多米尔可湿性粉剂、72.2%普力克水剂、65%甲霜灵可湿性粉剂、69%安克锰锌可湿性粉剂、70%乙膦铝锰锌可湿性粉剂等
	真菌性疫病	生育期	72.2%普力克水剂、25%瑞毒霉水剂、77%可杀得可湿性粉剂等
	病毒病	生育期	5%植病灵水剂、20%病毒A可湿性粉剂、病毒清等
	煤污病	生育期	25%多菌灵可湿性粉剂、77%可杀得可湿性粉剂、50%甲双铜可湿性粉剂等
	锈病	生育期	15%粉锈灵可湿性粉剂、50%萎锈灵乳油等
	细菌性枯萎病	生育期	47%加瑞农可湿性粉剂、25.9%植保灵水剂、14%络氨铜水剂、77%可杀得可湿性粉剂等

农药使用安全间隔期

农药类型	农药名称	含量及剂型	适用作物	防治对象	每季最多使用次数（次）	安全间隔期（天）
杀菌剂	百菌清	45% 烟剂	黄瓜	霜霉病	4	3
		75% 可湿性粉剂	花生	叶斑病、锈病	3	14
			番茄	早疫病	3	7
		40% 胶悬剂	花生	花生叶斑病		30
		40% 悬浮剂	番茄	早疫病		3
	氢氧化铜	77% 可湿性粉剂	番茄	早疫病	3	3
	异菌脲	50% 悬浮剂	番茄	灰霉病、早疫病	3	7
	春雷霉素	2% 水剂	番茄	叶霉病		4
	代森锰锌	80% 可湿性粉剂	番茄	早疫病	3	15
			西瓜	炭疽病		21
			马铃薯	晚疫病	3	3
			花生	叶斑病	3	7
		75% 干悬浮剂	西瓜	西瓜炭疽病	3	21
	咪鲜胺	45% 水乳剂	香蕉	香蕉冠腐病、炭疽病		7
	丙环唑	25% 乳油	香蕉	叶斑病	2	42
	丙森锌	70% 可湿性粉剂	黄瓜	霜霉病	3	5
			番茄	早疫病、晚疫病、霜霉病	3	7
	嘧霉胺	40% 悬浮剂	黄瓜	灰霉病	2	3
	烯肟菌酯	25% 乳油	黄瓜	霜霉病	3	3
	戊唑醇	25% 水乳剂	香蕉	叶斑病	3	42
	甲霜灵＋代森锰锌	58% 可湿性粉剂	黄瓜	霜霉病	3	1
			葡萄		3	21
	恶霜灵＋代森锰锌	64% 可湿性粉剂	黄瓜	霜霉病	3	3
	霜脲氰＋代森锰锌	72% 可湿性粉剂	黄瓜	霜霉病	3	2

（续表）

农药类型	农药名称	含量及剂型	适用作物	防治对象	每季最多使用次数（次）	安全间隔期（天）
杀虫剂	阿维菌素	1.8%乳油	叶菜	小菜蛾	1	7
			黄瓜	美洲斑潜蝇	3	2
			豇豆	美洲斑潜蝇	3	5
	啶虫脒	20%乳油	黄瓜	蚜虫	3	2
		20%可溶粉剂	黄瓜		3	1
	联苯菊酯	10%乳油	番茄（大棚）	白粉虱、螨类	3	4
	丁硫克百威	20%乳油	节瓜	蓟马	2	7
	杀螟丹	98%可溶性粉剂	白菜	潜叶蛾	3	21
				菜青虫、小菜蛾	3	7
	虫螨腈	10%悬浮剂	甘蓝	小菜蛾	2	14
	毒死蜱	48%乳油	叶菜	菜青虫、小菜蛾	3	7
	高效氟氯氰菊酯	2.5%乳油	甘蓝	菜青虫蚜虫	2	7
	高效氯氰菊酯	10%乳油	甘蓝	菜青虫	3	
	氯氟氰菊酯	5.7%乳油	甘蓝	菜青虫	2	7
		2.5%乳油	叶菜	小菜蛾、蚜虫、菜青虫	3	7
	氯氰菊酯	10%乳油	叶菜	菜青虫小菜蛾	3	小青菜2 大白菜5
		25%乳油	番茄	蚜虫、棉铃虫	2	1
			叶菜	菜青虫小菜蛾	3	3

（续表）

农药类型	农药名称	含量及剂型	适用作物	防治对象	每季最多使用次数（次）	安全间隔期（天）
杀虫剂	顺式氯氰菊酯	10%乳油	叶菜	菜青虫、小菜蛾、蚜虫	3	3
			黄瓜	蚜虫	2	3
		2.5%乳油	叶菜	菜青虫、小菜蛾	3	2
	溴氰菊酯		油菜	蚜虫	2	5
			花生	蚜虫	2	14
		25%可湿性粉剂	甘蓝	菜青虫		7
	除虫脲	5%乳油	叶菜	菜青虫、小菜蛾	3	3
	顺式氰戊菊酯		甜菜	甘蓝夜蛾	2	60
	苯丁锡	50%可湿性粉剂	番茄	红蜘蛛	2	7
	甲氰菊酯	20%乳油	叶菜	小菜蛾、菜青虫		3
	氰戊菊酯	20%乳油	叶菜	菜青虫、小菜蛾	3	12
	噻唑磷	10%颗粒剂	黄瓜	土壤线虫	1	25
	吡虫啉	20%可溶液剂	甘蓝	菜蚜	2	7
			番茄	白粉虱		3
			番茄（保护地）	白粉虱		7
		5%乳油	节瓜	蓟马	3	3
	四聚乙醛	6%颗粒剂	叶菜	蜗牛、蛞蝓	2	7
	多杀菌素	2.5%悬浮剂	甘蓝	小菜蛾	3	3

设施农业作物生理病害特点及防治措施

生理病害	病害特点	防治措施
缺氮症	低位叶片叶色变化，植株淡绿色，老叶黄色	补氮
缺磷症	低位叶片叶色变化，植物深绿色并带紫色，叶片和植株瘦小	补磷
缺钾症	低位叶片叶色变化，褐色蔓延并沿老叶外缘呈灼伤状	补钾
缺镁症	低位叶片叶色变化，老叶叶脉间黄色，最后由边缘向里转为红紫色	补镁
缺锌症	低位叶片叶色变化，明显的叶脉间失绿症，叶片转为青铜色	补锌
缺钙症	上部叶片叶色变化，顶芽死亡，初生叶片推迟出现，顶芽退化	补钙
缺硼症	上部叶片叶色变化，顶芽死亡，靠生长点叶片变黄白或淡褐色坏死组织	补硼
缺硫症	顶芽不死，包括叶脉的整个叶片由浅绿色转为黄色（从幼叶开始）	补硫
缺锰症	顶芽不死，叶脉绿色，叶片黄灰或红灰色	补锰
缺铜症	顶芽不死，幼叶均匀地呈淡黄色，可能枯萎和凋谢但不失绿	补铜
缺氯症	顶芽不死，叶顶部萎蔫，然后失绿	补氯
缺钼症	顶芽不死，幼叶萎蔫并沿边缘死亡	补钼
黄瓜花打顶	在冷凉季节种植的黄瓜，经常会出现花打顶现象，即植株顶端不形成心叶而出现花抱头现象。花打顶不仅会延迟黄瓜的生长发育，而且影响其产量和品质	提高棚内温度
黄瓜高温障碍	叶片受害，初时叶片褪色或叶缘呈漂白状，后变黄色。轻的仅叶缘呈烧伤状，重的波及半叶或整个叶片，终致永久萎蔫或干枯	降低棚内温度
黄瓜低温障碍	幼苗遇低温，子叶上举，叶背向上反卷，叶缘受冻部位逐渐枯干或个别叶片萎蔫干枯；低温持续时间长，叶片暗绿无光，顶芽生长点受冻，根系生长受阻或形成畸形花，造成低温落花或畸形果；果实不易着色成熟，严重的茎叶干枯而死	提高棚内地温

（续表）

生理病害	病害特点	防治措施
黄瓜缺镁	下位叶叶脉间黄化，与缺钾的区别：缺镁是从叶内侧失绿，缺钾是从叶缘失绿	用1% ~2%硫酸镁溶液叶面喷施
黄瓜蔓疯长	叶子非常大，果实小，二者不成比例。病因：氮多、水多、光照不足，营养生长过剩	控制浇水，摘心，通风换气
番茄筋腐病	主要发生在果实膨大至成熟期。果实受害，前期病果外形完好，隐约可见表皮下组织部分呈暗褐色，渐有自果蒂向果脐的条状灰色污斑，严重时呈云雾状，后期病部颜色加深，病健部界限明显，果实横切可见到维管束变褐，细胞坏死，严重时果肉褐色，木栓化，纵切可见白果柄向果脐有一道道黑筋，部分果实形成空洞	选用抗病品种，合理施肥，重病地块减少氮肥用量。生长前期喷施多元微肥，每隔15天1次，连续喷2~3次，在开花前喷含高磷高硼叶面肥，坐果后喷钾钙叶面肥每隔15天1次，连续喷2~3次
番茄脐腐病	番茄脐腐病是一种生理性病害。只发生在果实上，初期在果实脐部出现暗绿色，水浸状病斑，后变为暗褐色或黑色	喷洒1%的过磷酸钙，或用0．5%氯化钙加毫克/千克萘乙酸、0.1%硝酸钙及爱多收6 000倍液，或绿芬威3号1 000~1 500倍液。从初花期开始，隔10~15天1次，连续喷洒2~3次
番茄芽枯病	主要发生于夏秋保护地。被害株初期引起幼芽枯死，被害部长出皮层包被，在发生芽枯处形成一缝隙。缝隙为线形或“Y”字形，有时边缘不整齐，但无虫粪。夏秋保护地番茄现蕾期发生，主要由于中午未及时放风，高温下烫死了幼嫩的生长点，使茎受伤而引起	棚内及时通风换气。培养出新的结果果穗，去掉一些徒长枝杈，并喷施新高脂膜形成保护膜，防止病菌侵入
番茄高温障碍	叶片受害，初时叶片褪色或叶缘呈漂白状，后变黄色。轻的仅叶缘呈烧伤状，重的波及半叶或整个叶片，终致永久萎蔫或干枯	降低棚内温度

（续表）

生理病害	病害特点	防治措施
番茄低温障碍	幼苗遇低温，子叶上举，叶背向上反卷，叶缘受冻部位逐渐枯干或个别叶片萎蔫干枯；低温持续时间长，叶片暗绿无光，顶芽生长点受冻，根系生长受阻或形成畸形花，造成低温落花或畸形果；果实不易着色成熟，严重的茎叶干枯而死	提高棚内温度
番茄空洞果病	典型的空洞果往往比正常果大而轻，从外表上看带有棱角，酷似“八角帽”。切开果实，可以看到果肉与胎座之间缺少充足的胶状物和种子，而存在明显的空腔	要通过调温，避免持续10℃以下的低温出现，开花期要避免35℃以上高温对受精的危害，促进胎座部的正常发育
茄子沤根	主要在苗期发生，成株期也有发生。发病时根部不长新根，根皮呈褐锈色，水渍腐烂，地上部萎蔫易拔起。主要原因是室温低，湿度大，光照不足，造成根压小，吸水力差	苗期和室温低时不要浇大水，最好采用地膜下暗灌小水的方式浇水。加强炼苗，注意通风，只要气温适宜，连阴天也要放风，培育壮苗，促进根系生长。按时揭盖草苫，阴天也要及时揭盖，充分利用散射光
畸形果	僵果，又称石果，是单性结实的畸形果，果实个小，果皮发白，有的表面隆起，果肉发硬，适口性差。其形成的主要原因是开花前后遇低温、高温和连阴雪天，光照不足，造成花粉发育不良，影响授粉和受精。另外，花芽分化期，温度过低，肥料过多，浇水过量，使生长点营养过多，花芽营养过剩，细胞分裂过于旺盛，会造成多心皮的畸形果，即双身茄。果实生长过程中，过于干旱而突然浇水，造成果皮生长速度不及果肉快而引起裂果	加强温度调控，在花芽分化期和花期保持25～30℃和适温，最高不能超过35℃；加强肥水管理，及时浇水施肥，但不要施肥过量，浇水过大
落花	落花有很多原因，生理性落花有两种情况，一是花芽分化期，肥料不足，夜温高，昼夜温差小，干旱或水分过大，日照不足造成花的质量差，短柱花多而落花。二是在开花期，光照不足，夜温高，温湿度调控大起大落，肥水不足或大水大肥造成花大量脱落	培育壮株，加强温湿度调控，及时适量给肥水。注意绝对不要在日光温室内加温，否则会使夜温高，花大量脱落；在茄花蕾含苞待放时蘸花

参考文献

[1] 颜范悦，胡新颖. 北方地区东方百合保护地切花栽培技术 [J]. 辽宁农业科学，2009 (4)：57－59.

[2] 颜范悦，胡新颖. 不同栽培密度对百合切花质量影响的研究 [J]. 辽宁农业科学，2008 (5)：28－30.

[3] 赵兴华，杨佳明，屈连伟. 凌源地区百合新品种引种栽培试验研究 [J]. 辽宁农业科学，2009 (6)：9－12.

[4] 朱茂山，关天舒. 13种杀菌剂对百合枯萎病菌的室内毒力测定 [J]. 农药，2010，49 (10)：760－761，764.

[5] 解占军，王秀娟. 不同施肥品种对百合生长发育的影响 [J]. 北方园艺，2010 (12)：94－95.

[6] 朱茂山，杨贺，关天舒. 百合枯萎病菌生物学特性研究 [J]. 辽宁农业科学，2008 (3)：9－11.

[7] 朱茂山，关天舒. 百合主要病害及其防治关键技术 [J]. 辽宁农业科学，2007 (6)：41－43.

[8] 戴新文，邹积田. 东方百合模式化栽培技术 [J]. 北方园艺，2007 (3)：128.

[9] 杨常锋，郑成峰. 东方百合日光温室周年栽培技术 [J]. 北京农业，2006 (9)：15－16.

[10] 李继武，赵明刚. 切花百合的设施栽培技术 [J]. 甘肃林业，2007，2：40－41.

[11] 张弘弼，高中奎，金洪安. 切花百合周年生产的关键技术 [J]. 北方园艺，2006 (5)：18.

[12] 刘伟，刘久东. 提高百合切花品质的种植技术 [J]. 北方园艺，2006 (6)：116－118.

[13] 余琼芳，石伟勇. 优质东方百合栽培技术 [J]. 北方园艺，2006 (5)：126－127.

[14] 颜范悦，左金富. 北方地区切花月季保护地栽培技术 [J]. 辽宁农业科学，2007 (6)：44－47.

[15] 张金云，高正辉，胡信安. 保护地切花月季优质高效栽培技术 [J]. 安徽农业科学，2004 (4)：840－841.

[16] 孙如银，陈安龙. 切花月季花栽培技术 [J]. 安徽农业，2004 (7)：13.

[17] 高正辉，张金云. 塑料大棚切花月季高品质栽培关键技术 [J]. 安徽农业科学，2006，34 (17)：4 292－4 293.

[18] 贾建学，戴爱红. 切花月季栽培技术要点 [J]. 浙江林业，2008 (4)：30－31.

[19] 刘晓伟. 北方月季鲜切花栽培技术 [J]. 现代农业科技，2007 (17)：67，69.

[20] 殷小东. 切花月季标准化生产技术（上）[J]. 中国花卉园艺，2007（12）：16-21.

[21] 殷小东. 切花月季标准化生产技术（下）[J]. 中国花卉园艺，2007（14）：20-23.

[22] 田发恩. 高寒地区日光节能温室切花月季栽培技术 [J]. 北方园艺，2006（5）：135.

[23] 胡新颖，印东生，颜范悦. 北方地区郁金香切花栽培技术要点 [J]. 北方园艺，2010（5）：120-122.

[24] 胡新颖，颜范悦. 北方地区郁金香切花品种比较试验 [J]. 江苏农业科学，2010（5）：241-242.

[25] 胡新颖，雷家军. 郁金香引种栽培研究 [J]. 北方园艺，2008（9）：104-106.

[26] 赵统利，朱朋波，邵小斌，等. 切花郁金香日光温室促成栽培技术规程 [J]. 江苏农业科学，2008（5）：157-158.

[27] 胡新颖，雷家军，杨永刚. 郁金香引种栽培研究 [J]. 安徽农业科学，2006，34（18）：4 568-4 570.

[28] 刘峰. 切花郁金香的优质栽培 [J]. 特种经济动植物，2007（11）：32-33.

[29] 张金政. 郁金香品种在北京地区引种栽培试验的研究 [D]. 北京林业大学硕士学位论文，2002.